高等学校 **电气工程及其自动化专业** 应用型本科系列教材

模拟电子技术仿真、实验与课程设计

（第2版）

主 编 唐明良 张红梅 周冬芹
主 审 潘银松

U0240289

重庆大学出版社

内容提要

全书共 6 章,分为 3 大部分:第一部分是实验基础知识,介绍了实验基本过程、常用实验仪器使用、调试维修方法和 Multisim10 仿真软件应用;第二部分是基础性实验,每个实验项目既有仿真实验又有课堂操作实验加仿真演示,课后配有拓展性仿真实验,引导学生课前进行实验预习,课后进行实验拓展,做到了软、硬件的有机结合;第三部分是课程设计和电子元器件介绍,其详细讲解了电子电路的设计方法、步骤,电路的安装调试方法,常用电子元器件和新型传感器,使学生熟悉模拟电路的应用及具有初步的电路设计能力。最后在附录中给出了常用电子元器件和部分常用集成运放的性能参数,供学生参考。

本书可作为高等院校电气类、电子信息类及其他相近专业本、专科学生模拟电子技术教辅、实验和课程设计教材,也可作为相关工程技术人员的参考书。

图书在版编目(CIP)数据

模拟电子技术仿真、实验与课程设计/唐明良,张红梅,周冬芹主编.--2 版.--重庆:重庆大学出版社,2019.6(2022.7 重印)
高等学校电气工程及其自动化专业应用型本科系列教材
ISBN 978-7-5624-9553-6

Ⅰ.①模… Ⅱ.①唐…②张…③周… Ⅲ.①模拟电路—电子技术—实验—高等学校—教材②模拟电路—电子技术—课程设计—高等学校—教材 Ⅳ.①TN710-33

中国版本图书馆 CIP 数据核字(2019)第 134512 号

模拟电子技术仿真、实验与课程设计
(第 2 版)

主 编 唐明良 张红梅 周冬芹
主 审 潘银松
策划编辑:彭 宁
责任编辑:陈 力 版式设计:彭 宁
责任校对:贾 梅 责任印制:张 策

*

重庆大学出版社出版发行
出版人:饶帮华
社址:重庆市沙坪坝区大学城西路 21 号
邮编:401331
电话:(023) 88617190 88617185(中小学)
传真:(023) 88617186 88617166
网址:http://www.cqup.com.cn
邮箱:fxk@ cqup.com.cn(营销中心)
全国新华书店经销
重庆俊蒲印务有限公司印刷

*

开本:787mm×1092mm 1/16 印张:13.75 字数:335 千
2019 年 6 月第 2 版 2022 年 7 月第 4 次印刷
印数:5 101— 7 100
ISBN 978-7-5624-9553-6 定价:39.80 元

前 言

随着电子技术的飞速发展,社会与实践对大学生素质培养提出了新的要求,模拟电子技术实验和课程设计是电子技术基础课程中重要的实践性环节,对培养学生理论联系实际的能力起着非常重要的作用。本书是在重庆大学出版社的组织和领导下编写的,按照高等学校电子技术基础课程教学基本要求,结合编者多年电子技术实践教学经验,跟踪电子技术发展的新形势和教学改革不断深入的需要,着重培养学生的实践能力和创新能力。本书编写的宗旨是:根据"教学基本要求",结合目前各校实验和课程设计的实际需要,做到适应性强、便于学生阅读、有利于学生的能力培养和因材施教。

本书具有下述特点:①以结合工程应用和电子电路设计为主线,以提高学生跟踪新技术的意识和能力为目标,突出了培养应用型人才的目的。②每个实验除包含实验目的、实验仪器和设备、实验原理和思考题外,还包含了3个实验阶段,第一个阶段是用 Multisim 软件进行实验仿真预习,引导学生课前在计算机上进行实验预习,做到提前熟悉实验内容、步骤、仪器和器件;第二个阶段是课堂实验操作,立足培养学生的实际动手能力和基本实验技能;第三个阶段是课后用 Multisim 软件进行仿真拓展性实验,使学生对实验进行深化理解和应用,教师可根据学生情况作不同的要求。这样的安排做到了软、硬件的有机结合,既能培养学生的动手能力,又能使学生加深对电路原理的理解,有利于学生创新能力的培养。实验中所用仪器设备均为通用,便于各校根据实际情况进行选择,适应性强。③课程设计与实验编在一起,便于教师将实验和课程设计有机地结合起来。有些课程设计的内容可当作大型实验去做,安装调试方面的内容可共享,课程设计题目新颖、实用性强,给出了设计思路、系统框图和参考电路,以及安装调试要点,便于学生使用。④为了使学生了解常用元器件,满足课程设计和学生课外制作的需要,第6章专门介绍了常用元器件的识别、型号、测量等。⑤内容和编排上力求针对性、实用性和适用性,突出理论与实践的紧密结合,使学生在实践过程中加深对理论知识的巩固,进一步增长知识、提高兴趣、拓展知识深度和应用,有利于学生创新能力的培养,既满足了验证性、提高性、设计性、综合性实验和课程设计的需要,又为研究开发性实验和全国大学生电子设计竞赛提供了条件。

本书由重庆大学城市科技学院唐明良编写第 1~3 章,并负责全书的组织、修改和定稿,张红梅编写第 4 章和第 6 章,周冬芹和张红梅共同编写第 5 章。

主审由重庆大学潘银松副教授担任,他对本书的编写进行了具体的指导,对书稿进行了逐字逐句非常认真负责的审查,并提出了许多宝贵意见,在此表示衷心的感谢。

限于编者水平,加之编写时间仓促,疏漏之处在所难免,诚恳希望各兄弟院校的老师和相关读者提出批评和改进意见。

编　者
2015 年 6 月

目录

第1章　模拟电子技术实验基础知识 …………………………… 1

1.1　模拟电子技术实验的性质和基本要求 ………………… 1

1.2　模拟电子技术实验的操作规程 ………………………… 2

1.3　模拟电路实验箱使用介绍 ……………………………… 3

1.4　模拟电路实验基本调试技术 …………………………… 5

1.5　模拟电路故障检查方法 ………………………………… 7

第2章　Multisim 10 仿真软件及应用 ……………………… 9

2.1　Multisim 10 的基本功能与操作 ……………………… 9

2.2　Multisim 10 的分析方法 ……………………………… 18

第3章　常用实验仪器简介 …………………………………… 29

3.1　万用表 …………………………………………………… 29

3.2　函数信号发生器 ………………………………………… 34

3.3　示波器 …………………………………………………… 37

3.4　交流电压表 ……………………………………………… 43

3.5　其他虚拟仪器 …………………………………………… 44

第4章　模拟电子技术基础实验与仿真 ……………………… 49

4.1　实验1 常用低频电子仪器的使用 …………………… 49

4.2　实验2 单级低频放大电路 …………………………… 54

4.3　实验3 射极输出器 …………………………………… 64

4.4　实验4 两级阻容耦合放大电路 ……………………… 69

4.5　实验5 负反馈放大器 ………………………………… 75

4.6　实验6 差动放大器 …………………………………… 79

4.7　实验7 集成运算放大器的基本运算电路 …………… 85

4.8　实验8 波形发生电路 ………………………………… 100

4.9　实验9 功率放大电路 ………………………………… 109

4.10　实验10 整流滤波及稳压电路 ……………………… 115

第5章　模拟电子技术基础课程设计 ………………………… 127

5.1　模拟电子技术课程设计的一般方法和步骤 ………… 127

5.2　模拟电子电路安装与调试 …………………………… 129

5.3　课程设计报告及评分标准 …………………………… 132

5.4　设计范例——函数信号发生器的设计 ················ 134

5.5　课程设计参考题目 ························· 142

第 6 章　常用电子元器件 ················· 154

6.1　电阻器 ······························· 154

6.2　电容器 ······························· 159

6.3　电感器和变压器 ···················· 165

6.4　晶体二极管 ························· 172

6.5　晶体三极管 ························· 178

6.6　场效应晶体管 ···················· 182

6.7　常用模拟集成器件 ················· 184

6.8　传感器 ······························ 193

附录 ································ 208

附录 1　常用电子元器件型号参数表 ··········· 208

附录 2　部分常用集成运放选型表 ············ 211

参考文献 ··························· 213

第 **1** 章
模拟电子技术实验基础知识

1.1　模拟电子技术实验的性质和基本要求

　　"模拟电子技术实验"是工科电类专业学生的专业基础实验课程,具有很强的工程实践性,它对巩固和加深课堂教学内容,提高学生实际工作技能,培养科学严谨的作风,为学习后续课程和从事实践技术工作奠定基础起着非常重要的作用。在实验过程中,学生往往会发现新问题,产生新的设想,并有利于培养学生的创新意识和创造能力。

　　本书中的模拟电子技术实验分为:实验预习、课堂实验、课后拓展和整理实验报告4个阶段,对每个阶段分别提出下述学习要求。

　　(1)实验预习

　　为避免实验的盲目性,提高实验效率,学生应对实验内容进行预习。步骤如下:

　　①明确实验目的和要求,掌握有关电路基本原理。

　　②拟出实验方法和步骤,并能用电路仿真软件 Multisim 10 进行实验仿真。

　　③初步估算(或分析)实验结果(包括参数和波形)。

　　④写出预习报告。

　　进行实验前,教师应检查学生预习情况,并进行评价。

　　(2)课堂实验

　　课堂实验是培养学生实际动手能力的重要环节。学生在实验室进行实验,必须达到以下要求:

　　①自觉遵守实验室规则,服从实验指导教师安排。

　　②根据实验内容选择实验仪器和实验装置,按实验方案搭接实验电路,能熟练使用常用电子测量仪器,掌握各种电信号的基本测试方法。

　　③独立完成实验任务,认真记录实验条件和实验数据、波形,分析判断所测数据和波形是否正确。

　　④实验电路出现故障时,应独立思考,并分析故障原因,必要时再向老师求助。

　　⑤发生事故应立即切断电源,并报告实验指导教师,等候处理。

⑥实验完成后,可将实验记录交实验指导教师审阅,经教师审查后,拆除实验线路,恢复并整理实验仪器和设备。

实验中教师应加强巡视,给予必要的指导,检查并考核学生实验情况。

(3)课后拓展

课后拓展实验是课堂实验的延伸,是对知识的进一步巩固和理解,教师应鼓励学生课后用电路仿真软件 Multisim 10 对拓展性实验进行实验仿真,教师应对仿真结果进行检查和评价。

(4)实验报告

实验报告是实验工作的全面总结。写报告的过程,就是对电路的设计方法和实验方法加以总结,对实验数据加以处理,对所观察的现象、出现的问题以及采取的解决方法加以分析、总结的过程。实验报告要求文句通顺、简明扼要、字迹端正、图表清晰、结论正确、分析合理。对工科学生来说,撰写实验报告是必须具备的一项基本技能。具体要求如下所述。

①列出实验条件,包括实验时间、实验仪器名称型号及编号、实验器材等。

②在预习报告的基础上,对实验的原始数据进行整理,用适当的表格列出测量值和理论值,按要求绘制波形图、曲线图等。

③运用实验原理和掌握的理论知识对实验结果进行必要的分析和说明,得出正确的结论。找出产生误差的原因,提出减少实验误差的措施。

④记录实验中产生的故障情况,说明排除故障的过程和方法,对实验中存在的其他问题进行讨论,并回答思考题。

⑤撰写本次实验的心得体会,并对实验方法、实验电路的选择、教师的教学方法等提出有创意的建议。

科学实验是一项非常严肃的工作,从事实验的每一个人都必须养成严格的实事求是的科学态度和工作作风,在每一个具体的实验环节上,要做到仔细、认真、一丝不苟,同时要严格操作步骤,精确控制实验条件,力争得到正确的实验结果,任何马马虎虎、潦草从事,不负责任的行为都是不允许的。

1.2 模拟电子技术实验的操作规程

与其他许多实践环节一样,模拟电子技术实验也有其基本操作规程。要求学生一开始就应注意培养正确、良好的操作习惯,并逐步积累实验经验,不断提高实验水平。实验室基本操作规程如下所述。

①实验前应认真预习实验有关内容,明确实验目的、任务、了解实验的基本原理,在计算机上进行实验仿真预习。

②学生进入实验室后应按自己的座位就座,在实验过程中,不允许大声喧哗,严禁吸烟和吃东西,严格遵守实验室规程,树立安全第一的思想意识,注意安全用电。

③每次实验教师应在先讲解实验的原理、步骤、要求和注意事项之后,学生才能进行实验。

④学生实验前应开机检查实验仪器仪表工作是否正常,实验中也应随时观察,发现异常现象应立即切断电源,及时报告实验指导教师处理。

⑤学生在进行实验时,必须精力集中,认真操作,不得做与实验无关的事。

⑥爱护仪器设备,严禁无目的地随意摆弄仪器面板上的开关和旋钮以及连接线等;实验结束后,通常只要关断仪器设备电源,而不必将仪器的电源线拔掉。

⑦实验线路接好后学生应自行检查,确认无误后才能通电实验。实验过程中如需重新接线时,必须切断电源,方可操作。

⑧实验操作完毕后,将仪器设备按要求整理好,收拾好实验台,经老师同意后方可离开。

⑨实验室内一切物品及工具未经许可不得私自拆装和拿出室外,违者批评教育,并照价赔偿。

1.3　模拟电路实验箱使用介绍

本书以 SAC-DMS2 型模拟数字电子技术实验箱为例介绍模拟电路实验板的功能及使用,实验箱面板如图 1.1 所示。图中根据功能的不同用白色实线将面板大致划分为 10 个区域,其分别为:电源及信号源区、整流滤波稳压模块、交流放大电路模块、差动放大器模块、运放模块、OCL 功率放大器模块、集成功率放大器模块、备用元件选择区、实验板扩展区和扩展板,下面分别对不同区域进行详细说明。

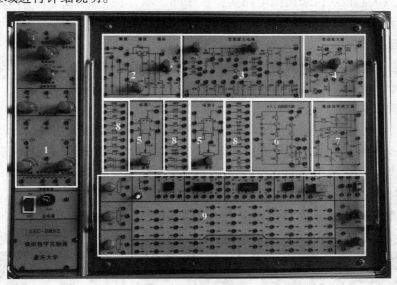

图 1.1　模拟电路实验箱面板图

(1)电源及信号源区

电源及信号源区包括实验箱的总电源(即红色的开关)、+5 V 电源、±12 V 电源以及±2～±15 V可调电源,中间的两个插孔是接地插孔。在该区的上方是交直流信号源。本实验箱有电源短路报警功能,实验中一旦听到蜂鸣器响,应立即关闭电源开关,排除短路故障后方可重新开启电源进行实验。

(2)整流滤波稳压模块

整流滤波稳压模块位于模拟电路实验板左上角区域,包含 3 个小模块:整流、滤波、稳压,可进行电源的整流、滤波、稳压实验。

（3）交流放大电路模块

交流放大电路模块位于模拟电路实验板正上方区域，包含一个元件互不相连的单级放大器和一个元件连接好的单级放大器，进行单级放大器实验时须用导线将各个分立的元件连接起来，进行多级放大器实验时则须用导线将第一级放大器和第二级放大器连接起来。

（4）差动放大器模块

差动放大器模块位于模拟电路实验板右上角区域，由两个9013三极管和调零电位器以及其他元件构成，可进行差动放大器实验。

（5）运放模块

运放模块位于模拟电路实验板中间区域，有两个完全相同的 μA741 运放模块：运放Ⅰ和运放Ⅱ。可进行集成运放的基本运算实验和其他相关实验。

（6）OCL 功率放大器模块

OCL 功率放大器模块位于模拟电路实验板中间区域，由两个小功率三极管 S8050、C8550 和两个大功率三极管 D1271 以及其他元件构成，可进行 OCL 功率放大器实验。

（7）集成功率放大器模块

集成功率放大器模块位于模拟电路实验板中间区域，由功放集成电路 TDA230 和外围元件构成，可进行集成功率放大器实验。

（8）备用元件选择区

模拟电路实验板共有 3 个备用元件选择区，分别位于运放Ⅰ和运放Ⅱ的两边，有电阻、电容、二极管等元件，供运放实验或综合性实验选用。

（9）实验板扩展区

实验板扩展区位于模拟电路实验板下方，其中有 5 个不同阻值的电位器，1 个扭子开关、1 个继电器、4 个不同管脚的集成块插座和 2 个发光二极管以及若干个针管座，针管座可插接电阻、电容、晶体管等针状引线的元件，此区域可供综合性实验或课程设计用。

（10）扩展板

扩展板如图 1.2 所示，该扩展板固定在实验箱盖子里，有 6 个 16 脚插座，4 个 14 脚插座，1 个 40 脚实验插座，可用导线与主实验板连接。此区域可供综合性实验或课程设计用。

图 1.2　扩展板

1.4 模拟电路实验基本调试技术

实践证明，大多数的电子电路，即使完全按照所设计的电路参数进行安装，甚至有的已被前人验证是可行的电路，往往也难以实现预期的性能指标。这是因为理论、仿真与实际存在着很大的差异，如所用元件数值的误差、元器件性能的分散性、电路的寄生参数的影响、仪器设备的精度等。因此，必须经过实验测试和调整，才能发现和纠正设计和组装中的不足，使其达到预定的性能指标。所以，掌握电子电路的调试技术对于电子技术工作人员是非常重要的。下面介绍模拟电路实验中基本的调试方法和步骤。

1.4.1 电路的调试

现代的电子电路调试，分为软件仿真调试和硬件实际调试两部分。无论是软件仿真调试还是硬件实际调试，通常都是先进行分调，后进行总调。分调是对构成总体电路的各单元电路进行的调试，使之满足单元电路的个体技术指标。所谓总调，是对由各单元电路构成的总体电路进行的调试，最终使之实现总体技术指标，具体调试的步骤如下所述。

（1）通电前的直观检测

1）连线情况

检查连线是否有错连、多连和少连的情况。检查连线一般对照电路图进行，按照一定的顺序，如按电路图从左至右、从上往下的顺序检查，或者按信号流程的顺序检查。但若电路中连线较多，则应以元器件（如运算放大器、三极管）为中心，依次检查其引脚的有关连线。这样即可查出错连、多连和少连的线。为了确保连线的可靠，在查线时，最好使用数字万用表的蜂鸣器挡或指针式万用表的电阻挡对接线作通断检查，可以在元器件的引脚上直接测量，这样可同时查出接触不良的情况。

2）元器件的安装情况

重点检查集成电路、二极管、三极管、电解电容等有极性的元件，引脚极性是否接错，引脚间有无短接，连接处有无接触不良。

3）电源与信号源连接情况

①用万用表检查电源与地端有无短路，若有，则必须进一步检查其原因。若无，测量电源电压是否符合要求。

②检查信号源输出的频率、波形、幅度等参数是否符合要求，与电路的连接是否接错。

经过以上各项检查并确认无误后才可通电调试。

（2）通电调试

1）通电观察

通电后，首先应观察电路有无冒烟、异味、异响等异常现象，用手摸元器件是否烫手，电源是否有短路现象。如果发现异常现象，应立即关断电源，待排除故障后，重新接通电源。如果无异常，再用万用表测量被测电路的电源电压，和各器件电源引脚电压是否正常，若一切正常，则进入调试环节。

2）静态调试

调试分为静态调试和动态调试。

静态调试是指在没有外加信号的条件下进行的直流测试和调整工作。通过测试模拟电路的静态工作点，数字电路各输入、输出端高、低电平及逻辑关系等，可以发现损坏的器件，判断电路工作情况，并及时调整更换元器件，使电路工作状态符合要求。

3）动态调试

动态调试是指在静态调试正常的条件下加入适当频率和幅度的信号所进行的调试工作。对于模拟电路的调试方法是借助示波器、毫伏表等仪器沿信号方向逐级检测各关键点的波形、幅度及其他性能指标是否符合要求。发现与设计不符的情况，应对电路的相关部件进行调整。经调整后的电路，应重新进行静态调试。

4）指标测试

在调试电路的整个工作中，指标测试既是过程也是结果。指标测试是一项严谨细致的工作，通过对测试数据的分析，能够对设计电路做出完整求实的结论。发现实验电路与设计要求存在差异，要找出原因，及时调整，甚至修正设计方案。为了得到满意的电路、可靠的数据，往往需要重复多次进行指标测试。

（3）**注意事项**

为了保证调试效果，减小测量误差，提高测量精度，在调试时需注意下述几点。

①应注意万用表、金属工具以及导线等物品的摆放，防止通电后电路与金属导电物品接触发生短路故障。

②通电后不要用手去触摸元件的引脚或连线，避免人体静电对器件造成干扰或损坏。

③仪器的接地端应和电路的接地端连接在一起，防止测量结果出现误差。

④输入信号较弱或频率高时，应尽量使用屏蔽线，连接线尽可能短，减少分布电容的影响。

⑤插拔器件、连接或拆除导线，必须在关电状态下操作。

⑥测试时，应避免表笔或探头同时触碰器件的相邻引脚，防止造成短路而损坏器件。

⑦调试中，要认真观察和测量，做好实验记录，包括记录实验条件、实验现象、信号波形及相位、仪器型号、测试数据等。只有通过大量如实的实验记录，才能及时完善实验电路，才能形成良好的工作作风，才能逐步提高分析问题和解决问题的能力。

1.4.2 电子电路的干扰问题

造成电子电路的干扰原因很多，常见的有：

①接地处不当引起的干扰。如接地线的电阻太大时，电路和各部分电流流过接地线会产生一个干扰信号，以致影响电路的正常工作。减小该干扰的有效措施是降低地线电阻，一般采用比较粗的铜线。

②"共地"是抑制噪声和防止干扰的重要手段。所谓"共地"是将电路中所有接地的元器件都要接在电源的电位参考点上。在正极性单电源供电电路中，电源的负极是电位参考点；在负极性单电源供电电路中，电源的正极是电位参考点；而在正负电源供电电路中，以两个电源的正负极串接点作为电位参考点。

③直流电源滤波不佳引入的干扰。各种电子设备一般都是用 50 Hz 电压经过整流、滤波及稳压得到直流电压源。但是该直流电压包含有频率为 50 Hz 或 100 Hz 的纹波电压，如果纹

波电压幅度过大,必然会给电路引入干扰。这种干扰是有规律性的,要减少这种干扰,必须采用纹波电压幅值小的稳压电源或引入滤波网络。

④感应干扰。干扰源通过分布电容耦合到电路,形成电场耦合干扰;干扰源通过电感耦合到电路,形成磁场耦合干扰。这些干扰均属于感应干扰,它将导致电子电路产生寄生振荡。消除和避免这类干扰的方法有两种:一是采用屏蔽措施,屏蔽壳要接地;二是引入补偿网络,抑制由干扰引起的寄生振荡。具体做法是在电路的适当位置接入电阻与电容相串联或单一电容网络,实际参数大小可通过实验调试来确定。

1.5 模拟电路故障检查方法

如果电路丧失了基本功能,或者反映电路特征的某些额定值、性能指标的偏差超出了规定的范围,如放大器无输出或输出波形严重失真等,就可以认为电路出现了故障。

(1)常见故障原因

1)测试仪器引起的故障

可能有的测试仪器本身就有故障,功能失常或是与电路相连的信号线损坏,使之无法测试;还有可能是操作者对仪器使用不正确而引起的故障,如示波器通道选择错误,结果造成无波形输出。

2)由电路中元器件本身原因引起的故障

如电阻、电容、晶体管及集成器件等特性不良或损坏。这种原因引起的故障现象经常是电路有输入而无输出或输出异常。

3)人为引起的故障

如操作者将连线错接或漏接、元器件参数选错、三极管型号选错、二极管或电解电容极性接反等,都有可能导致电路不能正常工作。

4)电路接触不良引起的故障

如焊接点虚焊、插接点接触不牢靠、电位器滑动端接触不良、接地不良、引线断线等。这种原因引起的故障一般是间歇式或瞬时出现,或者突然停止工作。

5)各种干扰引起的故障

所谓干扰,是指外界因素对电路有用信号产生的扰动。干扰源种类很多,如接地处理不当引入的干扰、直流电源因滤波不佳而引入的干扰、感应干扰等。

6)电源引起的故障

如电源电压不稳定、接触不良、极性接反、对地短路等。

(2)检查故障的基本方法

1)直接观察法

直接观察法是指不使用任何仪器,只凭人的视觉、听觉、嗅觉以及直接碰摸元器件作为手段来发现电路有无发烫、冒烟、焦味、打火、开路、短路等现象。观察电路的布局、布线是否合理。观察电子元件的外观有无断裂、变形、损坏,引脚有无错接、漏接、短接。观察仪器仪表的使用挡位、读数方法是否正确。通电观察电源电压、接地点和器件的静态工作点是否正常。

2）跟踪法

查找故障发生在电路的哪一个环节、哪一条连线,最常用的方法是在被调试电路的输入端接入适当幅度与频率的信号(如 $f=1\ 000\ Hz$ 的正弦信号),利用示波器,并按信号的流向,从前级到后级逐级观察电压波形及幅值的变化情况,从而找出故障所在。这种方法对各种电路普遍适用,在动态调试电路中更应使用。

3）比较法

如怀疑某一电路存在问题时,可以将此电路的参数和工作状态与相同的正常电路一一进行对比,从中分析故障原因,判断故障点。

4）替换法

当故障发生在电路比较隐蔽的地方,无法用常规的方法检查出来时,可用正常的免调试的模块电路或元件替换怀疑有问题的模块电路或元器件。如果故障排除了,说明故障出现在被替换的电路或元器件中,从而可以缩小故障范围,便于查找故障原因。

5）补偿法

当有寄生振荡时,可用适当容量的电容器使电路各个合适部位通过电容对地短路。如果电容接到某点寄生振荡消失,表明振荡就产生在此点附近或前级电路中。特别要注意,补偿电容要选得适当,不宜过大,通常只要能较好地消除有害信号即可。

6）短路法

短路法就是采取临时短接一部分电路来寻找故障的方法。短路法对检查断路故障最有效。但值得注意的是,在使用此方法时,应考虑到短路对电路的影响,如对稳压电路就不能采用短路法。

7）断路法

断路法也是一种缩小故障范围的有效方法,且对检查短路故障最有效。例如,若某稳压电源接入一带有故障的电路使输出电流过大,此时,可分别断开各个供电支路,如果断开某一支路时,电流恢复正常,说明故障就发生在该支路。

在实际调试中,检查和排除故障的方法是多种多样的,上面仅仅列举了几种常用的方法。这些方法的使用可根据设备条件、故障情况灵活掌握,对于简单的故障或许用一种方法即可查找出故障点,但对于较复杂的故障则需采用多种方法,互相协调、互相配合,才能找出故障点。

第 2 章
Multisim 10 仿真软件及应用

2.1 Multisim 10 的基本功能与操作

2.1.1 Multisim 10 系统简介

Multisim 是美国国家仪器公司（NI, National Instruments）推出的一款优秀的电子仿真软件。Multisim 易学易用，便于电子信息、通信工程、自动化、电气控制类等专业学生自学、便于开展综合性的设计和实验，有利于培养综合分析能力、开发和创新的能力。

该软件主要有下述功能。

①Multisim 是一个原理电路设计、电路功能测试的虚拟仿真软件。

②Multisim 的元器件库提供数千种电路元器件供实验选用。基本器件库包含有电阻、电容等多种元件。基本器件库中虚拟元器件的参数是可以任意设置的，非虚拟元器件的参数是固定的，但是可以选择的。

③Multisim 的虚拟测试仪器仪表种类齐全，有一般实验用的通用仪器，如万用表、函数信号发生器、双踪示波器、直流电源；而且还有一般实验室少有或没有的仪器，如波特图仪、字信号发生器、逻辑分析仪、逻辑转换器、失真仪、频谱分析仪和网络分析仪等。

④Multisim 具有较为详细的电路分析功能，可以完成电路的瞬态分析和稳态分析、时域和频域分析、器件的线性和非线性分析、电路的噪声分析和失真分析、离散傅里叶分析、电路零极点分析、交直流灵敏度分析等电路分析方法，以帮助设计人员分析电路的性能。

⑤Multisim 可以设计、测试和演示各种电子电路，包括电工学、模拟电路、数字电路、射频电路及微控制器和接口电路等。可以对被仿真电路中的元器件设置各种故障，如开路、短路和不同程度的漏电等，从而观察不同故障情况下的电路工作状况。在进行仿真的同时，软件还可以存储测试点的所有数据，列出被仿真电路的所有元器件清单，以及存储测试仪器的工作状态、显示波形和具体数据等。

⑥Multisim 有丰富的帮助功能。

正是因为 Multisim 具有界面友好、功能强大、易学易用的优点，故其在众多仿真软件中脱颖而出,成为了电类设计开发人员不可缺少的工具之一。利用 Multisim 可以实现计算机仿真设计与虚拟实验,它与传统的电子电路设计与实验方法相比,具有以下特点:设计与实验可以同步进行,可以边设计边实验,修改调试方便;设计和实验用的元器件及测试仪器仪表齐全,可以完成各种类型的电路设计与实验;可方便地对电路参数进行测试和分析;可直接打印输出实验数据、测试参数、曲线和电路原理图;实验中不消耗实际的元器件,实验所需元器件的种类和数量不受限制,实验成本低,实验速度快,效率高;设计和实验成功的电路可以直接在产品中使用。

本书以 Multisim 10 版本为例,介绍其基本功能与操作方法。

2.1.2 Multisim 10 的基本界面

（1）Multisim 10 的主界面

单击"开始"→"程序"→"National Instruments"→"Circuit Design Suite 10.0"→"Multisim",启动 Multisim 10,可以看到如图 2.1 所示的 Multisim 10 的主界面。

主界面主要由菜单栏、工具栏、缩放栏、设计栏、仿真栏、工程栏、元件栏、仪器栏、电路图编辑窗口等部分组成。

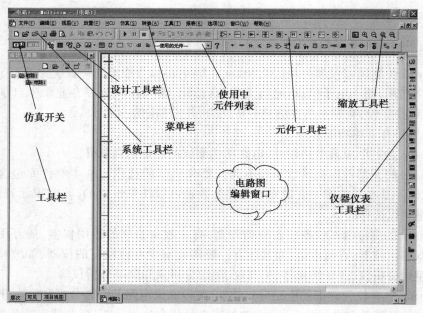

图 2.1 Multisim 10 主界面

（2）Multisim 10 菜单栏

Multisim 10 菜单栏有 12 个主菜单,如图 2.2 所示,菜单中提供了本软件几乎所有的功能命令。

图 2.2 菜单栏

1）文件菜单

文件菜单提供 19 个文件操作命令,如打开、保存和打印等,文件菜单中的命令及功能如图

2.3 所示。

2）编辑菜单

编辑菜单在电路绘制过程中提供对电路和元件进行剪切、粘贴、旋转等操作命令,共 21 个命令,编辑菜单中的命令及功能如图 2.4 所示。

3）视图菜单

视图菜单提供 19 个用于控制仿真界面上显示内容的操作命令,视图菜单中的命令及功能如图 2.5 所示。

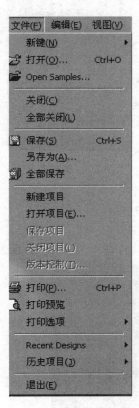

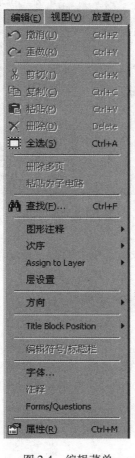

图 2.3　文件菜单　　　　　　　图 2.4　编辑菜单　　　　　　　图 2.5　视图菜单

4）放置菜单

放置菜单提供在电路工作窗口内放置元件、连接点、总线和文字等 17 个命令,放置菜单中的命令及功能如图 2.6 所示。

5）MCU(微控制器)菜单

MCU 菜单提供在电路工作窗口内 MCU 的调试操作命令,MCU 菜单中的命令及功能如图 2.7 所示。

6）仿真菜单

仿真菜单提供 18 个电路仿真设置与操作命令,仿真菜单中的命令及功能如图 2.8 所示。

图 2.6　放置菜单

图 2.7　MCU 菜单

图 2.8　仿真菜单

7）转换菜单

转换菜单提供 8 个传输命令，转换菜单中的命令及功能如图 2.9 所示。

8）工具菜单

工具菜单提供 17 个元件和电路编辑或管理命令，工具菜单中的命令及功能如图 2.10 所示。

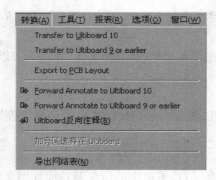

图 2.9　转换菜单

图 2.10　工具菜单

9）报表菜单

报表菜单提供材料清单等 6 个报告命令，报表菜单中的命令及功能如图 2.11 所示。

10）选项菜单

选项菜单包含"首选项""表单属性"及"自定义"，可以对电路的某些功能进行设定，选项菜单中的命令及功能如图 2.12 所示。

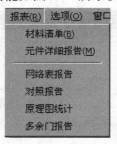

图 2.11　报表菜单

图 2.12　选项菜单

11）窗口菜单

窗口菜单提供 9 个窗口操作命令，窗口菜单中的命令及功能如图 2.13 所示。

12）帮助菜单

帮助菜单为用户提供在线技术帮助和使用指导，帮助菜单中的命令及功能如图 2.14 所示。

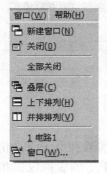

图 2.13　窗口菜单

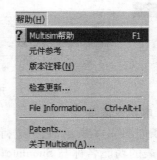

图 2.14　帮助菜单

（3）Multisim 10 **工具栏**

Multisim 10 常用工具栏如图 2.15 所示，工具栏各图标名称依次为：新建、打开文件、打开设计范例、存盘、打印、剪切、复制、粘贴、撤销、重做、切换全屏幕、放大、缩小、缩放到已选择面积、缩放到页。

图 2.15　常用工具栏

（4）Multisim 10 **元件库**

Multisim 10 提供了丰富的元件库，元件工具条如图 2.16 所示。工具条各图标名称依次为：电源/信号源库、基本元件库、二极管库、晶体管库、模拟集成电路库、TTL 数字集成电路库、CMOS 数字集成电路库、杂项数字集成电路库、数模混合集成电路库、指示器件库、电源器件库、其他元件库、键盘显示器库、射频元器件库、机电类器件库、微控制器库。

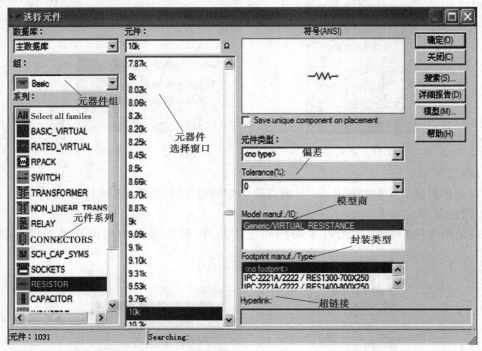

图 2.16　元件工具条

选择元件工具条中每一个按钮都会弹出相应的元件选择窗口,如图 2.17 所示为元件组的元件选择界面,其中一个元件组有多个元件系列,每一个元件系列有多个元件。

图 2.17　元件选择窗口

（5）Multisim 10 虚拟仪表库

虚拟仪表工具条如图 2.18 所示,它是进行虚拟电子实验和电子设计仿真的最快捷而又形象的特殊工具,各仪表的功能名称与 Simulate（仿真）菜单下的虚拟仪表相同。各图标名称依次为:万用表、失真度分析仪、函数信号发生器、功率表、示波器、频率计、安捷伦函数信号发生器、四踪示波器、波特图示仪、IV 分析仪、字发生器、逻辑转换器、逻辑分析仪、安捷伦示波器、安捷伦万用表、频谱分析仪、网络分析仪、泰克示波器、电流探针、LabVIEW 测试仪、测量探针。

图 2.18　仪表工具条

2.1.3　Multisim 10 电路创建基础

（1）元器件的选用

选用元器件时,首先在元器件库栏中用鼠标单击包含该元器件的图标,打开该元器件库。然后从选中的元器件库对话框中,如图 2.19 所示,用鼠标单击该元器件,然后单击"OK"即可,用鼠标拖曳该元器件到电路工作区的适当地方即可。

14

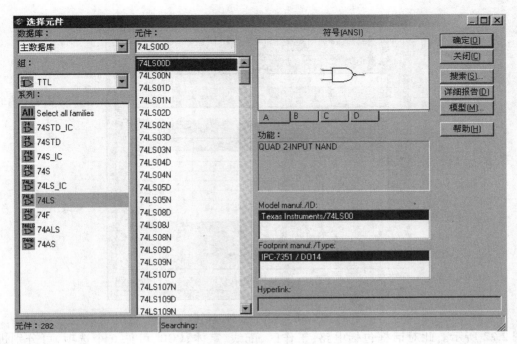

图 2.19　元器件库对话框

（2）元器件的操作

1）选中元器件

鼠标左键单击所需要的元器件,元件四周出现一个矩形虚线框,如图 2.20 所示。

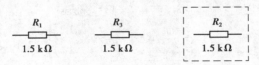

图 2.20　选中元件

2）元器件的移动

用鼠标的左键单击该元器件(左键不松手),拖曳该元器件即可移动该元器件。

3）元器件的旋转与反转

先选中该元器件,然后单击鼠标右键或者选择编辑菜单"Edit",选择菜单中的方向,再根据需要将所选择的元器件顺时针或逆时针旋转 90°,或进行水平镜像、垂直镜像等操作。

4）元器件的复制、删除

对选中的元器件进行元器件的复制、移动、删除等操作,可以单击鼠标右键或者使用菜单剪切、复制和粘贴、删除等菜单命令实现元器件的复制、移动、删除等操作。

5）元器件标签、编号、数值、模型参数的设置

在选中元器件后,双击该元器件,或者选择"编辑"菜单→"属性",便会弹出相关的对话框,可供输入数据,如图 2.21 所示。元器件特性对话框具有多种选项可供设置,包括标签、显示、参数、故障设置、引脚、变量等内容。

（3）电路图选项的设置

①选择"选项"菜单中的"Sheet Properties",用于设置与电路图显示方式有关的一些选项。

15

图 2.21　元器件特性对话框

如图 2.22 所示。此对话框包括电路、工作区、配线、字体、PCB、可见 6 个选项,可分别进行设置。

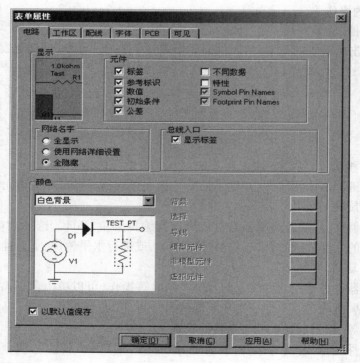

图 2.22　表单属性对话框

　　②零件对话框。选择"选项"菜单中的"Global Preferences"选项可弹出如图 2.23 所示的零件对话框,在零件对话框中可对放置元件方式、符号标准、数字仿真等进行设置。

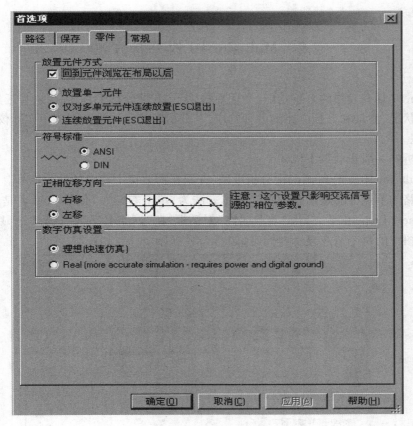

图 2.23　零件对话框

③导线的操作。

a.导线的连接。在两个元器件之间,首先将鼠标指向一个元器件的端点使其出现一个小圆点,按下鼠标左键并拖曳出一根导线,拉住导线并指向另一个元器件的端点使其出现小圆点,释放鼠标左键,则导线连接完成。连接完成后,导线将自动选择合适的走向,不会与其他元器件或仪器发生交叉。

b.连线的删除与改动。将鼠标指向元器件与导线的连接点使出现一个圆点,按下左键拖曳该圆点使导线离开元器件端点,释放左键,导线自动消失,完成连线的删除。也可以将拖曳移开的导线连至另一个接点,实现连线的改动。

c.改变导线的颜色。在复杂的电路中,可以将导线设置为不同的颜色。要改变导线的颜色,用鼠标指向该导线,单击右键可出现菜单,选择"Change Color"选项,出现颜色选择框,然后选择合适的颜色即可。

2.2　Multisim 10 的分析方法

Multisim 10 具有较强的分析功能,为用户提供了 18 种分析工具,利用这些工具,可以了解电路的基本状况、测量和分析电路的各种响应,其分析精度和测量范围比用实际仪器测量的精度高、范围宽。

仿真分析的一般步骤如下所述。

①在 Multisim 10 工作区画出待分析电路,并根据需要接上相应的输入信号。

②将电路的节点标志显示在图上。具体方法为:单击右键→"属性",或者是选择"选项"菜单中的"Sheet Properties",弹出"表单属性"对话框,在"网络名字"栏选择"全显示",就会在画好的电路图中的每个节点显示其标志,如图 2.24 所示。

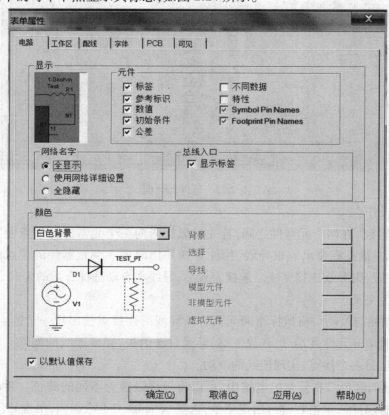

图 2.24　"表单属性"对话框

③执行菜单"仿真"→"分析"命令,弹出如图 2.25 所示的仿真分析菜单,选择所需分析命令,出现相应的分析工具对话框。

④设置仿真分析参数,根据需要设置参数。

⑤观察仿真分析结果。

本节以单管放大电路作为待分析电路介绍几种主要的分析方法,将分别介绍每种分析方

图 2.25　仿真分析菜单

法的启动分析命令、分析工具对话框参数的设置及分析结果的获取等,单管放大电路图如
图 2.26所示。

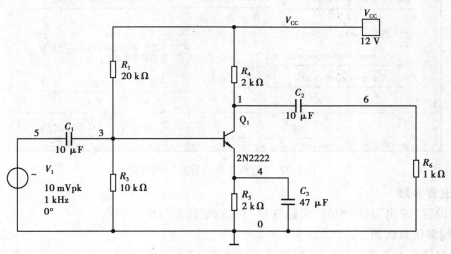

图 2.26　单管放大电路

2.2.1 直流工作点分析

直流工作点分析也称静态工作点分析,是分析电路中各节点的直流电压及电流情况。电路的直流工作点分析是在电路中的交流电源被自动置零、电容视为开路、电感视为短路、数字器件视为高阻接地时,计算电路的直流工作点。电路工作时,无论是大信号还是小信号,都必须给半导体器件以正确的偏置,以便使其工作在正确的区域,这就是直流分析要解决的问题。了解电路的直流工作点,才能进一步分析电路在交流信号作用下电路能否正常工作。

（1）启动分析命令

执行菜单"仿真"→"分析"→"直流工作点分析"命令,弹出直流工作点分析对话框,如图2.27 所示。

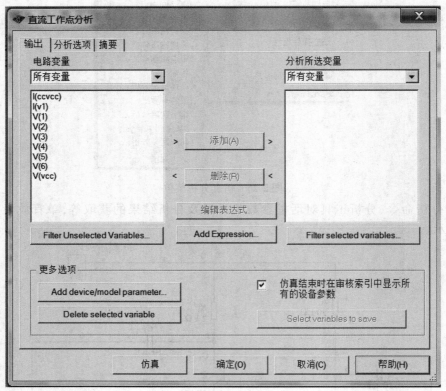

图 2.27 "直流工作点分析"对话框

（2）设置参数

只需设置"输出"选项卡的"电路变量"栏,选定需要分析的节点。

（3）观察仿真结果

单击对话框下部的"仿真"按钮即可进行仿真分析,得到如图 2.28 所示的仿真分析结果,图中显示的是所选节点的直流工作点值。根据这些值的大小,可以确定该电路的静态工作点是否合理。如果不合理,可以改变电路中的某个参数,利用这种方法,可以观察电路中某个元件参数的改变对电路直流工作点的影响。

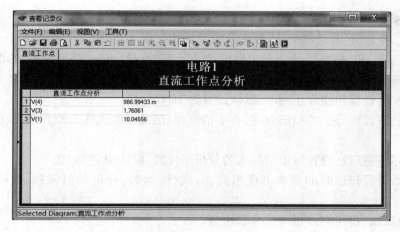

图 2.28　直流工作点分析结果

2.2.2　交流分析

交流分析用于分析电路在正弦小信号工作条件下的频率特性。它计算电路的幅频特性和相频特性,是一种线性分析方法。分析前需先选定被分析的节点,在进行交流分析时,电路中的直流源将自动置零,交流信号源、电容、电感等均处在交流模式,无论电路的信号源是三角波还是矩形波,在进行交流分析时都将被自动设置为正弦波,分析电路随正弦信号频率变化的频率响应曲线。

（1）启动分析命令

执行菜单"仿真"→"分析"→"交流分析"命令,弹出如图 2.29 所示的"交流小信号分析"对话框。

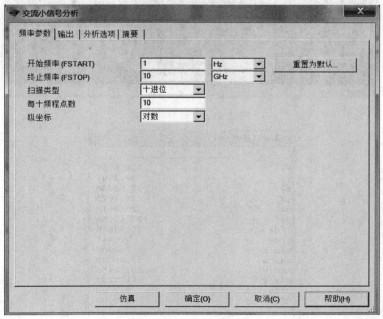

图 2.29　"交流小信号"对话框

（2）**设置参数**

"交流小信号分析"对话框中有"频率参数""输出""分析选项"和"摘要"4个选项卡。其中"输出""分析选项"和"摘要"3个选项卡的设置同直流工作点分析，"频率参数"的设置如下：

①开始频率：设置分析的开始频率，默认设置为1 Hz。

②终止频率：设置扫描终止频率，默认设置为10 GHz。

③扫描类型：设置分析的扫描方式，有十倍频程、倍频程和线性3种方式，默认设置为十倍频程扫描。

④每十倍频程点数：设置每十倍频率的分析采样数，默认设置为10。

⑤纵坐标：设置扫描时的垂直刻度形式，有线性、对数、分贝和倍频程，默认设置为对数形式。

⑥重置为默认：将所有设置恢复为默认值。

（3）**观察仿真结果**

单击对话框下部的"仿真"按钮即可进行仿真分析，得到如图2.30所示的仿真分析结果，图中显示的是所选节点幅频特性曲线和相频特性曲线，图2.31所示幅频特性曲线上的游标的数字说明窗口，显示两个游标分别对应的X、Y坐标及其坐标差等信息。将两个游标拖至上、下限截止频率处时，游标数字窗口中显示电路的通频带$dx \approx 32.9$ MHz。

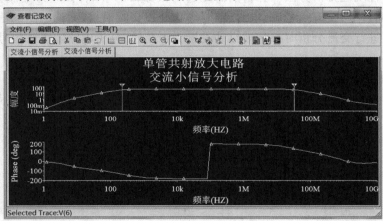

图2.30　交流分析结果

交流小信号分析	
	V(6)
x1	221.6558
y1	29.3001
x2	32.8963M
y2	29.4273
dx	32.8961M
dy	127.1508m
1/dx	30.3988n
1/dy	7.8647
min x	1.0000
max x	10.0000G
min y	26.3245m
max y	41.8137
offset x	0.0000
offset y	0.0000

图2.31　游标数字窗口

2.2.3　瞬态分析

瞬态分析是一种非线性时域分析方法,即观察所选定的节点在整个显示周期中每一时刻的电压波形。Multisim 10 在进行瞬态分析时,首先计算电路的初始状态,然后从初始时刻起,到某个给定的时间范围内,选择合理的时间步长,计算输出端在每个时间点的输出电压,输出电压由一个完整周期中的各个时间点的电压来决定。启动瞬态分析时,只要定义起始时间和终止时间,Multisim 10 可以自动调节合理的时间步进值,以兼顾分析精度和计算时需要的时间,也可自行定义时间步长,以满足一些特殊要求。

（1）启动分析命令

执行菜单"仿真"→"分析"→"瞬态分析"命令,弹出如图 2.32 所示的"瞬态分析"对话框。

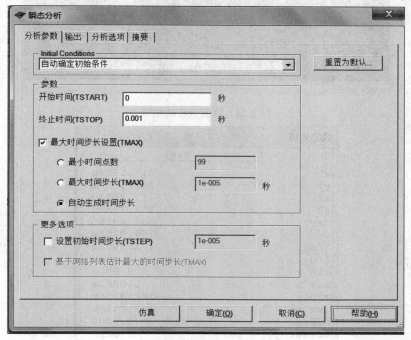

图 2.32　"瞬态分析"对话框

（2）设置参数

"瞬态分析"对话框中有"分析参数""输出""分析选项"和"摘要"4 个选项卡。其中"输出""分析选项"和"摘要"3 个选项卡的设置同直流工作点分析,"分析参数"的设置如下:

①Initial conditions（初始条件）:设置初始条件,初始条件有 4 个条件可供选择:设置为 0、用户自定义、计算直流工作点、自动确定初始条件,默认设置为自动确定初始条件。

②参数:可对时间间隔和步长等参数进行设置,包括"开始时间""终止时间"和"最大时间步长设置"。

③更多选项:选择"设置初始时间步长",由用户自行确定起始时间步长,如不选择则由 Multisim 10 自动决定最为合理的步长时间。选择"基于网络列表估算最大的时间步长",根据网表来估算最大时间步长。

(3)观察仿真结果

单击对话框下部的"仿真"按钮即可进行仿真分析,得到如图 2.33 所示的仿真分析结果,图中显示的是所选节点的电压或电流随时间变化的瞬态曲线,利用游标功能通过游标数字窗口可读出曲线上某点的瞬时值,如图 2.34 所示。

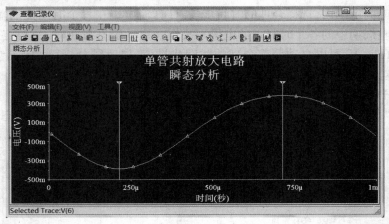

图 2.33　瞬态分析的结果

瞬态分析	V(6)
x1	217.1508μ
y1	−382.1993m
x2	717.8423μ
y2	382.7789m
dx	500.6916μ
dy	764.9782m
1/dx	1.9972k
1/dy	1.3072
min x	0.0000
max x	1.0000m
min y	−382.3358m
max y	382.8146m
offset x	0.0000
offset y	0.0000

图 2.34　游标数字窗口

2.2.4　傅里叶分析

傅里叶分析是一种分析复杂周期性信号的方法,用于分析一个时域信号的直流分量、基频分量和谐波分量,把被测节点处的时域变化信号做离散傅里叶变换,求出其频域变化规律。在进行傅里叶分析时,必须先选择被分析的节点,一般将电路中的交流信号源频率设为基频,如果电路中有多个交流信号源,则取各信号源频率的最小公因数。

(1)启动分析命令

执行菜单"仿真"→"分析"→"傅里叶分析"命令,弹出如图 2.35 所示的"傅里叶分析"对话框。

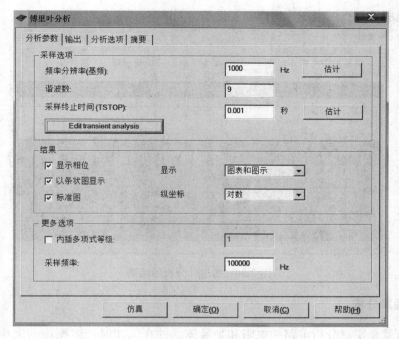

图 2.35　"傅里叶分析"对话框

（2）设置参数

"傅里叶分析"对话框中有"分析参数""输出""分析选项"和"摘要"4 个选项卡。"分析参数"的设置如下：

①采样选项区：设置傅里叶分析的基本参数。

频率分辨率（基频）：设置基频，如果是一个信号源取该信号源频率，如果是多个信号源，则取各信号源频率的最小公倍数。如果不知道如何设置时，可以单击"估算"按钮，由程序自动设置。

谐波数：设置分析的谐波次数。

采样终止时间：设置停止采样的时间。如果不知道如何设置时，可单击"估算"按钮，由程序自动设置。

②结果区：选择仿真结果的显示方式。

显示相位：如果选中，分析结果则会同时显示相频特性。

以条状图显示：如果选中，以线条图形的方式显示分析的结果。

标准图：如果选中，可以显示归一化的频谱图。

在"显示"列表中可以选择所要显示的项目，有 3 个选项：图表、图形及图表和图形。

在"纵坐标"列表中可以选择频谱的纵坐标刻度，其中包括线性、对数、分贝和倍频程。

③更多选项区。

内插多项式等级：设置多项式的维数，如选择，在右边栏内填入维数值。

采样频率：设置取样频率，默认为 100 000 Hz。

（3）观察仿真结果

单击对话框下部的"仿真"按钮即可进行仿真分析，得到如图 2.36 所示的仿真分析结果，图中显示的是所选节点的电压频谱图及各谐波分量表。

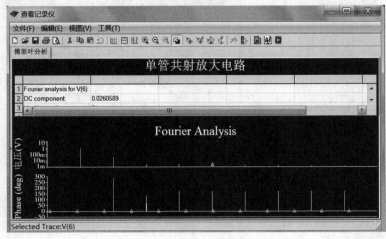

图 2.36　傅里叶分析的结果

2.2.5　噪声分析

噪声分析就是定量分析电路中电阻和半导体器件在工作时产生噪声的大小。分析时,假定电路中的各噪声源是互不相关的,因此其数值可以分开各自计算。总的噪声是各噪声在该节点的和(用有效值表示)。

（1）启动分析命令

执行菜单"仿真"→"分析"→"噪声分析"命令,弹出如图 2.37 所示的"噪声分析"对话框。

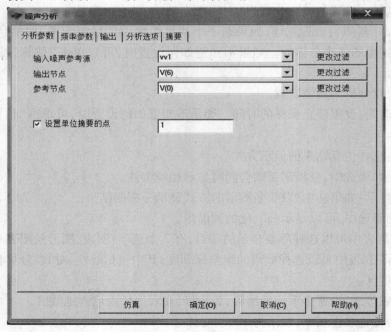

图 2.37　"噪声分析"对话框

（2）设置参数

"噪声分析"对话框中有"分析参数""频率参数""输出""分析选项"和"摘要"5 个选项卡。"分析参数"的设置如下：

①输入噪声参考源：选择作为噪声输入的交流电压源。

②输出节点：选择输出噪声的节点位置。

③参考节点：选择参考节点，默认设置为接地点。

④设置单位摘要的点：选择此选项时，输出显示的噪声分布为曲线形式，未选择时，输出显示为数据形式。

（3）观察仿真结果

单击对话框下部的"仿真"按钮即可进行仿真分析，得到如图 2.38 所示的仿真分析结果，图中显示的是噪声源对电路输出的影响曲线。

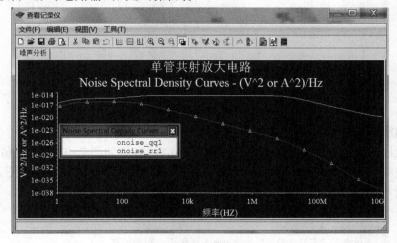

图 2.38　噪声分析结果

2.2.6　失真分析

放大电路输出信号的失真通常是由电路频率不理想引起的幅度失真和相位失真，也有因增益的非线性产生的谐波失真和相位的不一致产生的互调失真。Multisim 10 失真分析通常用于分析那些采用瞬态分析不易察觉的微小失真。如果电路有一个交流信号，Multisim 10 的失真分析将计算每点的二次和三次谐波产生的失真。

（1）启动分析命令

执行菜单"仿真"→"分析"→"失真分析"命令，弹出如图 2.39 所示的"失真分析"对话框。

（2）设置参数

"失真分析"对话框中有"分析参数""输出""分析选项"和"摘要"4 个选项卡。"分析参数"的设置和交流分析的分析参数设置基本相同。在图 2.39 中，若选择"F2/F1 比率"时，如果电路中有两个交流信号源 F1 和 F2（设 F1>F2），则该分析将寻找电路变量在（F1+F2）、（F1−F2）和（2F1−F2）3 个频率上的谐波失真。本电路只有一个交流信号源，因此不选择该项。

双击单管放大电路的交流信号源 V1 图标，打开其对话框设置 Distortion Frequency 1 Magnitude 为 10 mV，按"确定"键确认。

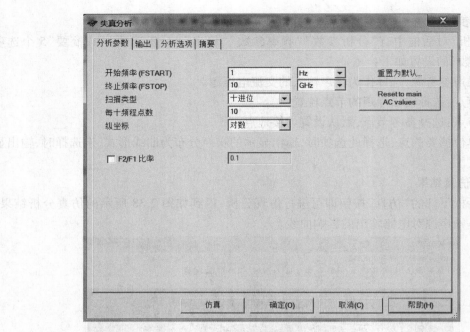

图 2.39 "失真分析"对话框

(3) 观察仿真结果

单击对话框下部的"仿真"按钮即可进行仿真分析,得到如图 2.40 所示的仿真分析结果,图中显示的是电路输出端的二次谐波和三次谐波的失真幅频特性和相频特性图。利用指针功能可读出曲线上某点二次谐波或三次谐波的幅频值和相频值。

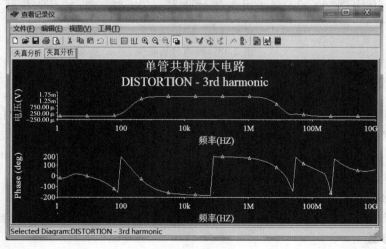

图 2.40 失真分析结果

第 **3** 章
常用实验仪器简介

3.1 万用表

万用表也称多用表或三用表,是一种多功能、多量程的测量仪表,一般万用表可测量直流电流、直流电压、交流电流、交流电压、电阻和音频电平等,有的还可以测电容量、电感量及半导体的一些参数(如β)等。由于万用表结构简单、功能多、量程广,使用方便,因此是维修和调试电路常用的测量仪表。

万用表按显示方式分为指针万用表和数字万用表。数字万用表与指针万用表相比,具有精度高、速度快、输入阻抗大、数字显示、读数准确、抗干扰能力强,测量自动化程度高等优点而被广泛应用。本节主要介绍 MF47 型模拟指针式万用表、UT39A 数字万用表和 Multisim 10 的虚拟万用表。

3.1.1 MF47 型模拟指针式万用表

模拟指针式万用表是一种由微安表头、测量电路及相应的量程开关构成的一种便携式测量仪器。其工作原理是先通过一定的测量电路将被测电量转换成电流信号,再由电流信号去驱动磁电式表头指针的偏转,在刻度尺上指示出被测量的大小。

MF47 型是设计新颖的磁电系整流式便携式多量程万用电表,可供测量直流电流、交直流电压、直流电阻等,具有 26 个基本量程和电平、电容、电感、晶体管直流参数等 7 个附加参考量程。

(1)**面板示意图**

面板示意图如图 3.1 所示。

(2)**表头刻度盘示意图**

表头刻度盘示意图如图 3.2 所示。

刻度盘与挡位盘印制成红、绿、黑三色。表盘颜色分别按交流红色,晶体管绿色,其余黑色对应制成,使用时读数便捷。刻度盘共有 6 条刻度线,第一条专供测电阻用;第二条供测交直流电压、直流电流之用;第三条供测晶体管放大倍数用;第四条供测量电容之用;第五条供测电感之用;第六条供测音频电平。刻度盘上装有反光镜,以消除视差。

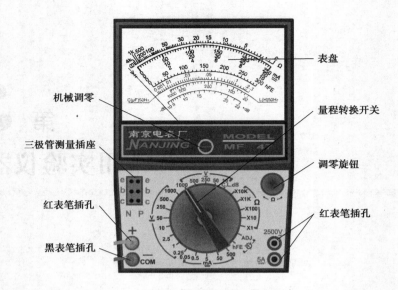

图 3.1　MF47 型模拟指针式万用表面板示意图

图 3.2　表头刻度盘示意图

（3）使用方法

①使用前应检查指针是否指在机械零位上,如不指在零位时,可旋转表头的调零器使指针指示在零位上。将红黑表笔分别插入"+""-"插孔中,注意不能接反,否则在测量直流电量时会因正负极的反接而使指针反转,损坏表头部件。如测量交流直流 2 500 V 或直流 5 A 时,红表笔则应分别插到标有"2 500"或"5 A"的插孔中。

②直流电阻测量。

a.量程选择。先粗略估计所测电阻阻值,再选择合适量程,如果被测电阻不能估计其值,一般情况将开关打在 R×100 或 R×1K 的位置进行初测,然后看指针是否停在中线附近,如果是,说明挡位合适。

b.调零。每次选择好量程后,为避免测量值产生误差必须进行调零。将两只表笔短接,调整欧姆调零旋钮,使指针对准欧姆"0"刻度线(若不能指示在欧姆零位,则说明电池电压不足,应更换电池)。

c.将表笔跨接于被测电路的两端进行测量。注意手不能同时接触电阻的两根引线,使人体电阻并入被测电阻。在路测量时要切断电源,不能带电测量。

d.读数。两眼正对表盘读出指针所指的刻度值,再乘上量程开关所选的挡位值(倍率)即是该电阻的阻值。

e.挡位复位。测量完毕,将量程选择开关调到交流电压最大挡。

③交直流电压测量。

a.量程的选择。将选择开关旋至交流(直流)电压挡相应的量程进行测量。如果不知道被测电压的大致数值,需将选择开关旋至交流(直流)电压挡最高量程上预测,然后再旋至交流(直流)电压挡相应的量程上进行测量。测量交直流 2 500 V 时,开关应分别旋转至交流 1 000 V 或直流 1 000 V 位置上,而后将红插头插在 2 500 V 插孔里,再将表笔跨接于被测电路两端。

b.测量。将两表笔并接在被测电压两端进行测量(交流电不分正负极)。

c.读数。根据所选择的量程读出指针在第二条刻度线上的数值。

d.挡位复位。测量完毕,将量程选择开关调到交流电压最大挡。

④直流电流测量。

a.量程的选择。测量 0.05~500 mA 时,将选择开关旋至直流电流挡相应的量程进行测量。如果不知道被测电流的大致数值,需将选择开关旋至直流电流挡最高量程上预测,然后再旋至直流电流挡相应的量程上进行测量。测量直流 5 A 时,选择开关须打在 500 mA 直流电流量程上而后将红插头插在 5 A 插孔里,再将表笔串接于被测电路中。

b.测量。将两表笔串接在被测电路中进行测量。

c.读数。根据所选择的量程读出指针在第二条刻度线上的数值。

d.挡位复位。测量完毕,将量程选择开关调到交流电压最大挡。

⑤直流放大倍数 hFE 的测量。

a.调零。将选择开关旋至晶体管调节"ADJ"位置上,将红黑表笔短接,调节欧姆电位器,使指针对准在 300 hFE 刻度线上。

b.测量。将选择开关旋至"hFE"位置,将要测的晶体管脚分别插入晶体管测试座的 ebc 管座内,N 型晶体管应插入 N 型管孔内,P 型晶体管应插入 P 型管孔内。

c.读数。读出指针在第三条刻度线上的数值即为晶体管的直流放大倍数 β 值。

d.挡位复位。测量完毕,将量程选择开关调到交流电压最大挡。

⑥使用注意事项。

a.测量高压或大电流时,为避免烧坏开关,变换量程应切断电源。

b.测未知量的电压或电流时,应先选择最高挡,待第一次读取数值后,方可逐渐转至适当位置以取得较准读数并避免烧坏电路。

c.电阻各挡用的干电池应定期检查、更换,以保证测量精度。平时不用万用表应将量程开关打到交流电压最大挡,如长期不用应取出电池,以防止电液溢出腐蚀而损坏其他零件。

3.1.2 UT39A 数字万用表

数字万用表是由集成电路模/数转换器和液晶显示器组成的一种电子测量仪表。其工作原理是将被测电量转换成直流电压信号,再由 A/D 转换器转换成数字量,并直接以数字形式显示出来。数字万用表显示数字位数有三位半、四位半和五位半之分,对应的数字显示最大值分别为 1 999、19 999、199 999,并由此构成不同型号的数字万用表。

UT39A 是一种三位半的手持式数字万用表,可以进行交直流电压和电流、电阻、电容、二极管正向压降、带声响的电路通断测试及晶体管 hFE 的测试,具有数据保持和过载保护功能。

（1）面板示意图

UT39A 面板示意图如图 3.3 所示。

（2）使用前注意事项

①本仪表设置有自动关机功能,当仪表持续工作约 15 min 后会自动进入睡眠状态,因此,当仪表的 LCD 上无显示时,首先应确认仪表是否已自动关机。

②将电源开关按下,检查电池电压值。如果电池电压不足,显示器左边将显示"🔋"符号,此时应及时更换电池,以确保测量精度。如无上述符号显示,则可继续操作。

③若测量输入端旁边有黄色三角形感叹号,则表示被测信号不允许超过规定的极限值,以防电击和损坏仪表。

④测试前应将仪表置于正确的挡位进行测量,严禁在测量进行中转换挡位,以防损坏仪表。

⑤不允许使用电流测试端子或在电流挡去测试电压。

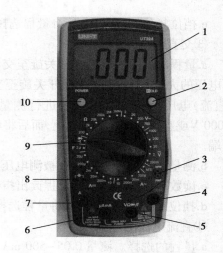

图 3.3　UT39A 面板示意图
1—LCD 显示器;2—数据保持选择按键;
3—晶体管放大倍数测试输入座;
4—公共输入端;5—其余测量输入端;
6—mA 测量输入端;7—10 A 电流输入端;
8—电容测试座;9—量程开关;10—电源开关

（3）UT39A 测量范围

①直流电压:100 μV~1 000 V。

②交流电压:1 mV~750 V。

③直流电流:0.01 μA~10 A。

④交流电流:0.1 μA~10 A。

⑤电阻:0.1 Ω~200 MΩ。

⑥电容:1 pF~2 μF。

⑦晶体管放大系数 hFE:0~1 000。

⑧二极管、蜂鸣通断测试:1~70 Ω 蜂鸣器连续发声。

（4）使用方法

1）直流电压、交流电压的测量

①将红表笔插入"VΩ"插孔,黑表笔插入"COM"插孔。

②将功能开关置于直流或交流 V 量程挡,并将测试表笔并连到待测电源或负载上。

③从显示器上读取测量结果。

④如果不知被测电压范围时,应将功能开关置于最大量程,根据读数需要逐步调低测量量程挡。如果 LCD 只在最高位显示"1"时,则说明已超量程,须调高量程。

2）直流电流、交流电流的测量

①将红表笔插入"mA"或"10 A"插孔(当测量 200 mA 以下的电流时,插入"mA"插孔;当测量 200 mA 及以上的电流时,插入"10 A"插孔),黑表笔插入"COM"插孔。

②将功能开关置直流或交流 A 量程,并将测试表笔串联接入待测负载回路里。

③从显示器上读取测量结果。

④在测量前一定要切断被测电源,认真检查输入端子及量程开关位置是否正确,确认无误

后,才可通电测量。如果不知被测电流值的范围时,应将量程开关置于高量程挡,根据读数需要逐步调低量程。若输入过载,内装保险丝会熔断,须予更换。进行大电流测试时,每次测量时间应小于 10 s,测量的间隔时间应大于 15 min。

3)电阻测量

①将红表笔插入"VΩ"插孔,黑表笔插入"COM"插孔。

②将功能开关置于"Ω"量程,将测试表笔并接到待测电阻上。

③从显示器上读取测量结果。

④测在线电阻时,须关掉电源,避免损坏仪表。如果被测电阻值超出了所选量程最大值时,或是当无输入时或电阻开路时,仪表显示为"1"。在被测电阻值大于 1 MΩ 时,仪表需要数秒后方能读数稳定,属于正常现象。

4)电容测量

①将功能开关置于电容量程挡。

②将待测电容插入电容测试输入端,如果被测电容短路或其容值超过量程时,LCD 上显示"1"。

③从显示器上读取读数。

④电容在测试前必须充分放电。当测量在线电容时,必须先将被测线路内的所有电源关断,并将所有电容器充分放电。如果被测电容为有极性电容,测量时应按面板上输入插座上方的提示符号将被测电容的引脚正确地与仪表连接。

5)二极管和蜂鸣通断测量

①将红表笔插入"VΩ"插孔,黑色表笔插入"COM"插孔。

②将功能开关置于二极管和蜂鸣通断测量挡位。

③如将红表笔连接到待测二极管的正极,黑表笔连接到待测二极管的负极,则 LCD 上的读数为二极管正向压降的近似值。

④如将表笔连接到待测线路的两端,若被测线路两端之间的电阻大于 70 Ω,认为电路断路;被测线路两端之间的电阻≤10 Ω,认为电路良好导通,蜂鸣器连续声响;如被测两端之间的电阻为 10~70 Ω,蜂鸣器可能响,也可能不响。同时 LCD 显示被测线路两端的电阻值。

⑤如果被测二极管开路或极性接反(即黑表笔连接的电极为"+",红表笔连接的电极为"−")时,LCD 将显示"1"。用二极管挡可以测量二极管及其他半导体器件 PN 结的电压降,对一个结构正常的硅半导体,正向压降的读数应该为 0.5~0.8 V。为了避免仪表损坏,在线测试二极管前,应先确认电路已被切断电源,电容已放完电。

6)晶体管参数测量(hFE)

①将功能/量程开关置于 hFE。

②确定待测晶体管是 PNP 或 NPN 型,正确地将基极(B)、发射极(E)、集电极(C)对应插入四脚测试座,显示器上即显示出被测晶体管的 hFE 近似值。

3.1.3　虚拟万用表

Multisim 10 提供的虚拟万用表外观和操作方法与实际的万用表相似,其图标和面板如图 3.4 所示。图标上"+"和"−"两个引线端接被测端点,连接电路的方法与实际万用表一样,测电压和电阻并联,测电流串联。双击图标打开面板,可进行测量内容选择和参数设置。

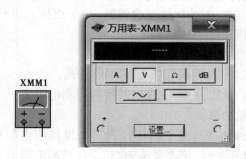

图 3.4　虚拟万用表的图标和面板

(1)测量内容选择

单击"～"或"━━"可测交流或直流信号,单击"A""V""Ω"或"dB"可分别测电流、电压、电阻或分贝值。

(2)参数设置

单击"设置…"进入"万用表设置"对话框。

1)"电气设置"区域

①电流表内阻(R)。用于设置电流表内阻,其大小影响电流的测量精度,值越小精度越高,默认值为 1 nΩ。

②电压表内阻(R)。用于设置电压表内阻,其大小影响电压的测量精度,值越大精度越高,默认值为 1 GΩ。

③电阻表电流:用于设置流过欧姆表测量时的电流,默认值为 10 nA。

2)"显示设置"区域

①电流表过量程:设置电流表量程,默认值为 1 GA。

②电压表过量程:设置电压表量程,默认值为 1 GV。

③电阻表过量程:设置电阻挡量程,默认值为 10 GΩ。

3.2　函数信号发生器

凡是产生测试信号的仪器统称为信号发生器,是指用于产生被测电路所需特定参数(如频率、波形、输出电压或功率等)的电测试信号,且能在一定范围内进行精确调整,有很好的稳定性的电子仪器。信号发生器的种类很多,按输出信号波形可分为正弦信号、函数信号、脉冲信号和随机信号发生器 4 大类。

函数信号发生器又称波形发生器,是一种能产生正弦波、方波、三角波、锯齿波等特定周期性时间函数波形信号的通用仪器。

3.2.1　F05A 型数字合成式函数信号发生器

F05A 型函数信号发生器是一种具有输入多种函数信号、调频、调幅等功能的仪表。仪表采用直接数字合成技术(DDS),输出主波形的频率可达 20 MHz,输出波形达 30 种,另外还具有测频和计数的功能。

（1）**面板操作说明**

F05A 型函数信号发生器面板图如图 3.5 所示。

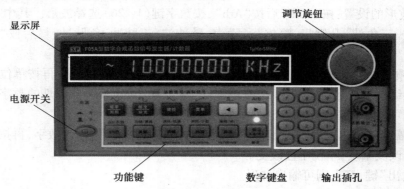

图 3.5　F05A 型函数信号发生器面板图

①电源开关。

②显示屏。显示信号的波形、频率、周期、幅度、状态等信息。

③功能键。共有两排功能按键,主功能即第一功能用黑色字体标明在该按键上,使用时直接按下该按键即可实现;按键上方的蓝色字体代表该按键的第二功能,要实现第二功能,必须是"Shift+该按键";第二排按键下方的黑色字体代表按键的第三功能键,即频率/周期、幅度/脉宽的单位,输入数字后须按下相应的单位按键。

④数字键盘。共有 3 排 12 个按键,用于设置频率/周期、幅度/脉宽数值,改变数值大小时必须与单位按键配合使用。

⑤调节旋钮。调节频率/周期、幅度/脉宽数值的大小,单位不会改变。

⑥输出插孔。有"TTL 输出"和"函数输出"两个插孔,通常使用"函数输出"插孔。

（2）**主要特征**

①采用直接数字合成技术(DDS)。

②主波形输出频率为 1 μHz～20 MHz。

③小信号输出幅度可达 1 mV。

④脉冲波占空比分辨率高达 0.1%。

⑤数字调频、调幅分辨率高、准确。

⑥猝发模式具有相位连续调节功能。

⑦频率扫描输出可任意设置起点、终点频率。

⑧相位调节分辨率达 0.1 度。

⑨调幅调制度 1%～100%可任意设置。

⑩输出波形达 30 种。

⑪具有频率测量和计数的功能。

⑫具有第二路输出,可控制和第一路信号的相位差。

（3）**使用方法**

①仪器启动。按下面板上的电源按钮,电源接通。先闪烁显示"WELCOME"和"F05A-

DDS"后进入系统默认设置的"点频"功能状态,开机默认为 10 kHz 正弦波 $2V_{PP}$。

②设置输出波形。

a.简单波形的设置:按"Shift"键后再按代表所需波形的功能按键。

b.任意波形的设置:按"Shift"后按"Arb",按数字键(1~26)选择波形。其中 1~9 分别为:正弦波、方波、三角波、升锯齿、降锯齿、噪声、脉冲波、正脉冲、负脉冲,最后按"N"完成波形设置。

③调整频率:按"频率/周期"键后使屏幕显示"××kHz",输入数字,再按单位键;或是转动旋钮,可以连续调节信号频率的大小,按位移键"◄""►"可以使当前闪烁的数字左移或右移,再转动旋钮,可使正在闪烁的数字连续加"1"或减"1"。

④调整幅度:按"幅度/脉宽"键后使系统工作在幅度状态下,输入数字,再按单位键;或是转动旋钮,可改变幅度,单位不会改变。

⑤按"输出"键,灯亮则可输出波形。

3.2.2 虚拟函数信号发生器

Multisim 10 提供的虚拟函数信号发生器可以产生正弦波、三角波和矩形波,其图标和面板如图 3.6 所示。图标上有"+""公共"和"−"3 个引线端子,与外电路相连输出电压信号,其连接规则是:

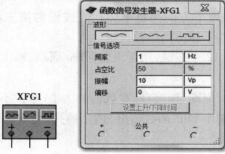

图 3.6　虚拟函数信号发生器图标和面板

①连接"+"和"公共"端子:输出信号为正极性信号,幅值等于信号发生器的峰值。

②连接"公共"和"−"端子,输出信号为负极性信号,幅值等于信号发生器峰值。

③连接"+"和"−"端子,输出信号的幅值等于信号发生器峰值的两倍。

④同时连接"+""公共"和"−"端子,且把"公共"端子与公共地(Ground)符号相连,则输出两个幅度相等、极性相反的信号。

双击图标打开面板,可进行信号源选择和参数设置。

①"波形"区:选择输出信号的波形类型,有正弦波、三角波和方波 3 种周期性信号供选择。

②"信号选项"区:对"波形"区中选取的信号进行相关参数设置。

a."频率":设置所要产生信号的频率,范围在 1 fHz~999 THz,默认值为 1 Hz

b."占空比":设置所要产生信号的占空比,设定范围为 1%~99%,默认值为 50%。

c."幅值":设置所要产生信号的最大值(电压),其可选范围从 1 fV 到 999 TV,默认值为 10 V。

d."偏移":设置信号源输出偏移值,可选范围从 1 fV 到 999 TV,默认值为 0 V。

e."设置上升/下降时间"按钮:设置所要产生信号的上升时间与下降时间,而该按钮只有在产生方波时有效。单击该按钮后,栏中以指数格式设定上升时间(下降时间),再单击"确认"按钮即可;如单击"默认",则恢复为默认值 10 nsec。

3.3　示波器

示波器是一种用途十分广泛的能直接观察和真实显示实测信号的综合性电子测量仪器,它不仅能定性观察电路的动态过程,例如观察电压、电流或经过转换的非电量等的变化过程,还可以定量测量各种电参数,如被测信号的幅度、周期、频率等。

示波器根据对信号的处理方式分为模拟示波器和数字示波器;根据用途分为通用示波器和专用示波器;根据信号通道分为单踪、双踪、四踪、八踪示波器。本节介绍通用双踪数字存储示波器。

3.3.1　DS5022 型数字存储示波器

数字存储示波器不同于一般的模拟示波器,它是将采集到的模拟电压信号转换为数字信号,由内部微机进行分析、处理、存储、显示或打印等操作。这类示波器通常具有程控和遥控能力,通过 RS-232、USB、GPIB 接口还可将数据传输到计算机等外部设备进行分析处理。一般具有下述特点。

①可以显示大量的预触发信息。

②可以通过使用光标和不使用光标的方法进行全自动测量。

③可以长期存储波形。

④可以将波形传送到计算机进行储存或供进一步的分析之用。

⑤可以在打印机或绘图仪上制作硬拷贝以供编制文件之用。

⑥可以把新采集的波形和操作人员手工或示波器全自动采集的参考波形进行比较。

⑦可以按通过/不通过的原则进行判断。

⑧波形信息可以用数学方法进行处理。

下面以常用的 DS5022ME 型数字存储示波器为例介绍其使用方法。

DS5022ME 型数字存储示波器是高清晰单色液晶显示示波器,25M 带宽,500MSa/s 的单次采样率,可以自动测量 20 种波形参数,具有自动光标跟踪测量等功能。

(1)面板操作说明

DS5022ME 型数字存储示波器面板图如图 3.7 所示。

①电源开关。

②屏幕:用于显示被测信号的波形,测量刻度以及操作菜单。

③屏幕菜单选择键:用于对应选择屏幕上显示的菜单。

④垂直通道控制区:用于选择被测信号,控制现实的被测信号在 Y 轴方向的大小或移动。

⑤输入探头插座:用于连接输入电缆,以便输入被测信号,共有 CH1 和 CH2 两路通道。

⑥水平控制区:用于控制显示的波形在水平轴方向的变化。

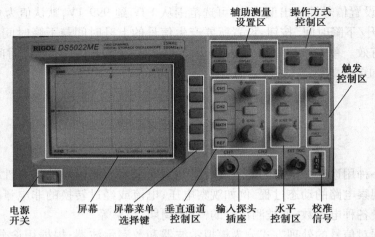

图 3.7　DS5022ME 型数字存储示波器面板图

⑦校准信号：提供 1 kHz、3 V 的基准信号,用于示波器的自检。

⑧触发控制区：用于控制显示的被测信号的稳定性。

⑨操作方式控制区：提供"自动调整"和"运行/停止"两种选择。

⑩辅助测量设置区 ：提供显示方式、测量方式、光标方式、采样频率、应用方式等选择。

（2）屏幕刻度和标注信息

屏幕刻度和标注信息如图 3.8 所示。

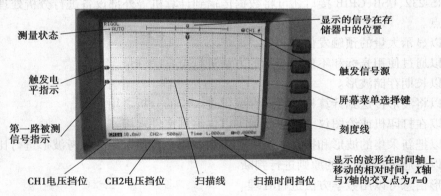

图 3.8　屏幕刻度和标注信息

（3）各按键及旋钮功能

①垂直控制区各按键和旋钮功能,如图 3.9 所示。

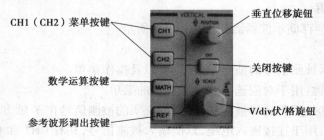

图 3.9　垂直控制区各按键和旋钮功能

②水平、触发控制区各按键和旋钮功能,如图 3.10 所示。

图 3.10　水平、触发控制区各按键和旋钮功能

③辅助测量设置区各按键功能,如图 3.11 所示。

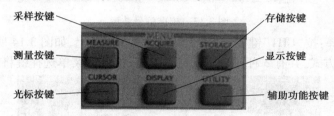

图 3.11　辅助测量设置区各按键功能

(4)基本操作方法

①仪器启动。按下面板上的电源按钮,电源接通,进入如图 3.7 所示的界面。

②在输入信号插座上接上测试探头。一般情况下探头衰减开关应打在"×1"挡,如用双夹测试电缆则不需要。

③校准信号测试。将探钩(双夹线的红夹)和黑夹接在校准信号输出端,如图 3.12 所示。当测得校准信号为"1 kHz、3 V"时,说明接入探头线完好,并且示波器 Y 通道和 X 通道测试准确,校准信号波形如图 3.13 所示。

图 3.12　校准信号测试连接图

④垂直通道调整。

a.通道选择:按"CH1"健可取得 CH1 的控制权,随后,位移旋钮和优/格旋钮只对 CH1 信号有效而对 CH2 信号无效。若要在屏幕上关闭 CH1 信号,则应先按一下"CH1"键,再按"OFF"键。

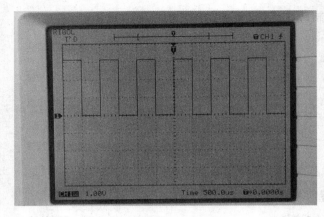

图 3.13　校准信号波形

b.屏幕菜单选择:按"CH1"键调出 CH1 菜单显示在屏幕上,如图 3.14 所示,按屏幕菜单选择键选择输入耦合方式,共有 3 种:接地、交流和直流;按屏幕菜单选择键将衰减设为"×1"。

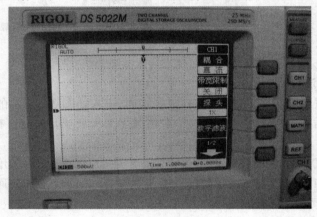

图 3.14　CH1 屏幕菜单

c.垂直挡位调整:调节"V/div 伏/格"旋钮使波形在垂直方向的大小合适。

d.垂直位移调整:调整"位移"旋钮使波形处于垂直方向的合适位置。

e.电压测量读数:在图 3.13 中,CH1 每格电压挡位指示值为 1 V,波形在垂直方向占 3 格,电压值=每挡指示值×格数= 1 V×3 = 3 V。

⑤水平扫描调整。

a.屏幕菜单设置:按"扫描菜单"按钮,调出扫描菜单如图 3.15 所示,一般按此菜单设置。

b.时间挡位调整:调整"S/div 秒/格"旋钮,使波形在水平方向上的大小合适。

c.水平位移调整:调整"位移"旋钮使波形处于水平方向的合适位置。

d.时间测量读数:在图 3.13 中,CH1 每格时间挡位指示值为"500 μs",一个周期波形在水平方向占 2 格,被测信号周期 T=时间挡位值×格数= 500 μs×2 = 1 000 μs。

⑥稳定触发调整。

a.触发调整的作用:当触发调节不当时,显示的波形将出现不稳定现象,波形左右移动不能停止在屏幕上,或者出现多个波形交织在一起,无法清楚地显示波形,通过触发调整使波形能稳定清晰地显示在屏幕上。

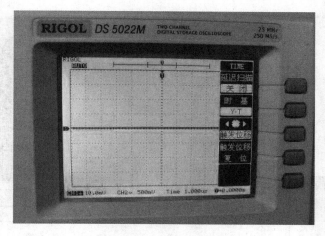

图 3.15　水平扫描菜单

b.触发菜单选择：按触发菜单键调出触发菜单，如图 3.16 所示，用屏幕菜单键选择触发源。

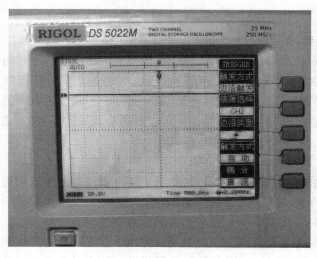

图 3.16　触发屏幕菜单

c.触发源选择：单路测试时，触发源必须与被测信号所在通道一致；两个同频信号双路测试时，应选信号强的一路为触发信号源；当两个被测信号同频时，触发源应选其中较为稳定的一路。

d.触发电平调整：调整触发电平控制旋钮使触发电平线进入被测信号电压范围内，可使波形稳定；按触发幅度中点控制按键可使触发电平自动调整到被测电压值的中点，从而使波形稳定。

3.3.2　虚拟示波器

Multisim 10 虚拟示波器有双通道示波器和四通道示波器。双通道示波器与实际的示波器外观和基本操作基本相同，其图标和面板如图 3.17 所示。示波器图标有 4 个连接点：A 通道输入、B 通道输入、外触发端 T 和接地端 G。双击图标打开示波器的控制面板，可进行参数设置和读取输出信号值。

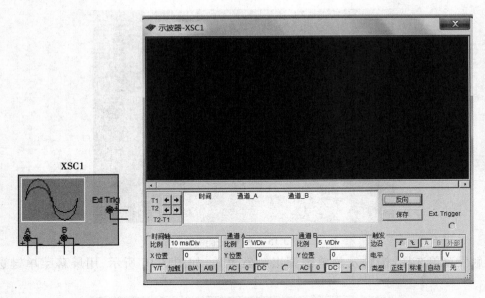

图 3.17　双通道示波器图标及面板

（1）"时间轴"设置区

①比例：设置显示波形时的 X 轴时间基准，相当于实际示波器的时间挡位调整。

②X 位置：设置 X 轴的起始位置，相当于实际示波器的水平位移调整。

③显示方式选择："Y/T"方式指的是 X 轴显示时间，Y 轴显示电压值；"加载"方式指的是 X 轴显示时间，Y 轴显示 A 通道和 B 通道电压之和；"A/B"或"B/A"方式指的是 X 轴和 Y 轴都显示电压值。

（2）"通道 A"设置区

①比例：通道 A 的 Y 轴电压刻度设置，相当于实际示波器的垂直挡位调整。

②Y 位置：设置 Y 轴的起始点位置，起始点为 0 表明 Y 轴和 X 轴重合，起始点为正值表明 Y 轴原点位置向上移，否则向下移。相当于实际示波器的垂直位移调整。

③耦合方式选择：AC（交流耦合）、0（接地）或 DC（直流耦合），交流耦合只显示交流分量，直流耦合显示直流和交流之和，0 耦合是在 Y 轴设置的原点处显示一条直线。

（3）"通道 B"设置区

通道 B 各项设置同"通道 A"设置。

（4）"触发"设置区

①边沿：设置被测信号开始的边沿，设置先显示上升沿或下降沿。

②电平：设置触发信号的电平，使触发信号在某一电平时启动扫描，信号幅度达到触发电平时示波器才扫描。

③类型：有"正弦""标准""自动"和"无"4 个触发类型供选择。一般选择自动。

四通道示波器与双通道示波器的使用方法和参数调整方式完全一样，只是多了一个通道控制器旋钮，当旋钮拨到某个通道位置，才能对该通道的 Y 轴进行调整。

3.4　交流电压表

交流电压表也称交流毫伏表,是一种通用的可以测量正弦波电压有效值的电压表,具有灵敏度高、工作频率范围宽、输入阻抗高等特点。下面以 DF2175A 为例介绍交流电压表的操作方法。

(1)面板操作说明

DF2175A 面板如图 3.18 所示。

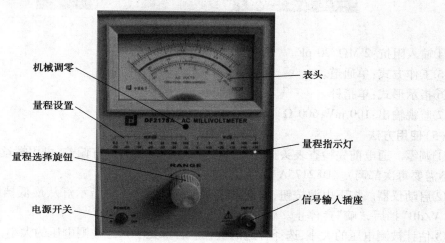

图 3.18　DF2175A 面板图

(2)表头刻度线

表头刻度线如图 3.19 所示。

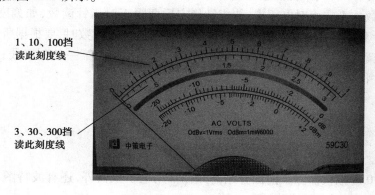

图 3.19　表头刻度线

(3)量程设置

量程设置如图 3.20 所示。

(4)主要技术参数

①测量范围:30 μV~300 V。

②测量误差:3%。

③频率范围:5 Hz~2 MHz。

图 3.20　量程设置

④输入阻抗:2 MΩ/20 pF。

⑤工作方式:单通道。

⑥指示形式:单指针。

⑦监视输出:100 mV,600 Ω。

（5）使用方法

①调零。通电前先检查表头指针是否指在零刻度线上,若有偏差,可用螺丝刀进行机械调零(不需要每次都调)。DF2175A 没有电气调零旋钮,不用调零。

②启动仪器。按下电源按钮,仪器发出"嘀"声,同时挡位指示灯从最低挡跑到最高挡位"300 V/dB"挡后,"嘀"声停止。

③估计被测电压的大小,选择合适的量程。若事先不知道被测电压的大小,应将量程置最大挡,然后逐次减小,直至到合适挡位(指针偏转至满量程的 1/2 以上的位置)。

测量时应注意:由于灵敏度高,为避免 50 Hz 交流电的感应将表头指针打弯,测量时应先将量程开关打在大于 10 V 挡,并先接地线后再接信号线,测量结束后则应先拆信号线再拆地线。

④正确读数。正向面对电压表,待指针稳定后两眼正对指针读数,如刻度盘带有反光镜,应使眼睛、指针和指针在镜内的影像成一条直线后再读取。读数时,要根据所选量程来确定从哪一条刻度线读数。如果所选量程是 1 的整 10、100 倍,应读第一条刻度线;若是 3 的整 10、100 倍,则应读第二条刻度线。

3.5　其他虚拟仪器

Multisim 10 虚拟仪器除了前面介绍的几种常用电子仪器外,还有波特图示仪,频率计、IV(伏安特性)分析仪、失真分析仪等。

3.5.1　波特图示仪

波特图示仪主要用来测量和显示电路的幅频特性与相频特性,类似于扫频仪,适合于分析滤波电路或电路的频率特性,特别易于观察截止频率,是分析滤波器的常用工具。波特图示仪的图标和面板如图 3.21 所示。

波特图示仪有"IN"和"OUT"两对端口,其中"IN"端口的"+"和"-"分别接电路输入端的

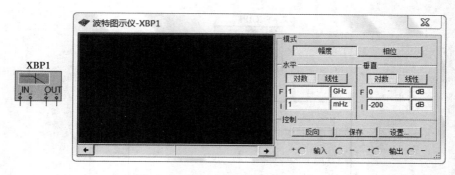

图 3.21　波特图示仪的图标及面板

正端和负端;"OUT"端口的"+"和"-"分别接电路输出端的正端和负端。使用波特图仪时,必须在电路的输入端接入 AC(交流)信号源。

用鼠标双击波特图仪图标打开波特图仪面板,波特图仪的面板主要由显示区、游标测量显示区、模式选择区、坐标设置区和控制区 5 部分组成。具体设置如下:

(1)**模式选择区**

模式选择区分为"幅度"和"相位"两种模式。"幅度"为幅频特性显示测量按钮;"相位"为相频特性显示测量按钮。

(2)**坐标设置区**

坐标设置区分为"水平"和"垂直"设置。"水平"栏为 X 轴设置区,用来设置频率的初始值和终止值。"垂直"栏为 Y 轴设置区,用来设置幅度的初始值和终止值,与水平设置区类似。

1)坐标设置

在"水平"坐标或"垂直"坐标设置区内,按下"对数"按钮,则坐标以对数(底数为 10)的形式显示;按下"线性"按钮,则坐标以线性的结果显示。

①水平坐标。水平坐标轴总是显示频率值,水平坐标标度(1 mHz ~ 1 000 THz,它的标度由水平轴的初始值"I"或终值"F"决定。在信号频率范围很宽的电路中,分析电路频率响应时,通常选用对数坐标,以对数为坐标所绘出的频率特性曲线称为波特图。

②垂直坐标。当测量电压增益时,垂直坐标轴显示输出电压与输入电压之比。若选择"对数",则单位是分贝(dB);如果选择"线性",显示的是比值。当测量相位时,垂直轴总是以度(°)为单位显示相位角。

2)坐标数值的读出

要得到特性曲线上任意点的频率、增益或相位差,可用鼠标拖动读数指针(位于波特图仪中的垂直光标),或者用读数指针移动按钮来移动读数指针(垂直光标)到需要测量的点,读数指针(垂直光标)与曲线的交点处的频率和增益或相位角的数值显示在读数框中。

(3)**分辨率设置**

"设置"是用来设置扫描的分辨率。用鼠标单击"设置"按钮,出现分辨率设置对话框,数值越大分辨率越高。

例如:搭建一阶 RC 低通滤波器,用波特图示仪测量其频率特性,电路连接如图 3.22 所示,测试结果如图 3.23 所示。使用波特图示仪时,电路输入端必须加交流信号源,但信号源输入对波物图示仪的频率特性分析结果没有影响。

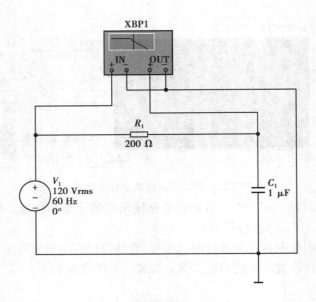

图 3.22　频率特性的测试电路

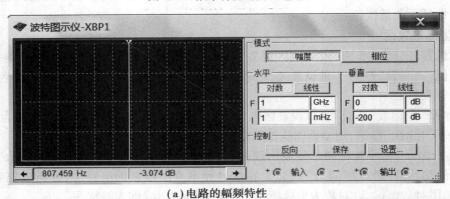

（a）电路的幅频特性

（b）电路的相频特性

图 3.23　电路的幅度和相位测试结果

3.5.2　频率计

频率计主要用来测量信号的频率、周期，还可以测量脉冲信号宽度、上升沿和下降沿，频率计的图标、面板以及使用如图 3.24 所示。频率计只有一个接线端口，用来连接被测信号输入端。使用过程中应注意根据输入信号的幅值调整频率计的"灵敏度"和"触发电平"。"耦合"模式选择分为"AC"与"DC",按下"AC"仅显示信号中的交流成分,按下"DC"显示信号交流成分加直流成分。输入信号的电平达到并超过触发电平时才开始测量。

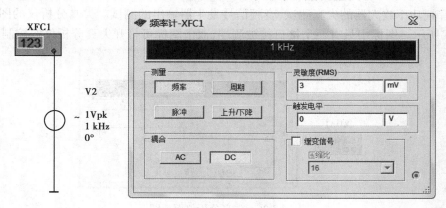

图 3.24　频率计的图标和面板

3.5.3　IV(伏安特性)分析仪

IV 分析仪,即伏安特性分析仪,专门用来分析晶体管的伏安特性曲线,如二极管、NPN 管、PNP 管、NMOS 管、PMOS 管等器件。IV 分析仪相当于实验室的晶体管图示仪。

测量时需要将晶体管与连接电路完全断开,才能进行 IV 分析仪的连接和测试。IV 分析仪有 3 个接线端,实现与晶体管的连接。IV 分析仪面板由伏安特性曲线显示窗口、元件类型选择区、电流范围选项、电压范围选项、晶体管符号及连接方法 5 部分组成。

在"元件"下拉菜单中选择要测试的器件类别,然后单击"仿真参数"按钮,系统弹出仿真参数设置对话框,然后根据要求选择相应的参数范围。注意,若测量的元器件在电路中,必须让测量器件的引脚与整个电路断开,方能正确测试。IV 分析仪测试晶体三极管的连接及伏安特性曲线如图 3.25 所示。

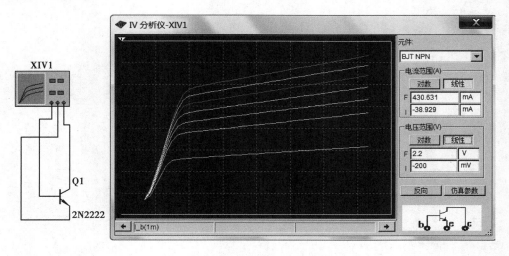

图 3.25　IV 分析仪测试晶体三极管

3.5.4　失真分析仪

失真分析仪是一种用来测量电路总谐波失真和信噪比的仪器。一般用于音频设备的性能测试,如音频功率放大器的失真测试,音频信号发生器输出的测试。失真分析仪的图标和面板如图 3.26 所示。图标中只有一个接口接被测端,双击图标可打开失真分析仪的控制面板。

图 3.26　失真分析仪面板图

失真分析仪的面板主要由显示区、分析设置区、仪器开关区、控制区和显示设置区 5 部分组成。分析设置区的"基频"用来设置基准频率;"频率分辨率"用来设置频率分辨率。"控制"区中,"THD"用于测试分析总谐波失真,"SINAD"用于测量分析信噪比失真。"设置"按钮用来对 THD 和 SINAD 分析进行设置。"显示"设置区是设置分析结果为百分比(%)还是分贝(dB)。

第 4 章
模拟电子技术基础实验与仿真

4.1　实验 1 常用低频电子仪器的使用

（1）实验目的

①了解函数信号发生器、双踪示波器、交流电压表等常用低频电子仪器的主要技术指标、性能和面板上各按键及旋钮的功能。

②掌握函数信号发生器、双踪示波器、交流电压表、数字万用表的使用方法。

（2）实验仪器和设备

①计算机及电路仿真软件 Multisim 10。

②函数信号发生器（F05A 型）1 台。

③数字存储双踪示波器（DS5022 型）1 台。

④交流电压表（DF2175A）1 台。

⑤数字万用表（UT39A）1 台。

（3）实验原理

在模拟电子电路实验中,经常使用的电子仪器有示波器、函数信号发生器、直流稳压电源、交流电压表及频率计等,它们和万用表一起,可以完成对模拟电子电路的静态和动态工作情况的测试。

实验中要对各种电子仪器进行综合使用,可按照信号流向,以连线简洁,调节顺手,观察与读数方便等原则进行合理布局,各仪器与被测实验装置之间的布局与连接如图 4.1 所示。接线时应注意,为防止外界干扰,各仪器的公共接地端应连接在一起,称共地。信号源和交流电压表的引线通常用屏蔽线或专用电缆线,示波器接线使用专用电缆线,直流电源的接线用普通导线。

（4）Multisim 10 仿真实验预习

①参阅第 3 章"常用实验仪器简介"中虚拟仪器的相关内容,从电路仿真软件 Multisim 10 基本界面窗口中调出虚拟函数信号发生器、双踪示波器、万用表和地线,按照如图 4.2 所示连接好仿真实验电路。

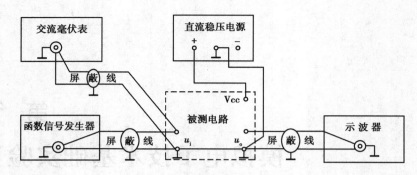

图 4.1　常用实验仪器与被测电路连接示意图

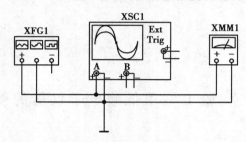

图 4.2　信号发生器、示波器、万用表连接图

②双击虚拟信号发生器图标，打开控制面板，根据表 4.1 设置信号的波形、频率和振幅。

③单击仿真按键，运行仿真。

④双击虚拟示波器图标，打开控制面板，设置时间轴比例和通道 A 比例为合适的值，使波形显示大小、疏密合适，根据表 4.1 进行仿真实验并填写相关数据。

⑤利用屏幕上的两个读数指针"T1"和"T2"，读出正弦波信号的幅值和周期填入表 4.1 中。

⑥双击万用表，打开控制面板，单击"V"和"～"使之测量数据为交流电压，读出数据填入表 4.1 中。

⑦各虚拟仪器控制面板如图 4.3 所示。

表 4.1　虚拟仪器测试数据记录表

测试项目	通道 A "比例"栏数据	波形幅度占垂直方向格数	计算出波形幅值	通道 A 中 T1 栏数据	时间轴"比例"栏数据	T2-T1 栏"时间"数据	信号周期	信号频率	万用表读数
500 Hz/ 20 mV$_p$ 正弦波									
1 kHz/1 V$_p$ 正弦波									
1 kHz/1V$_p$ 占空比 50% 方波									

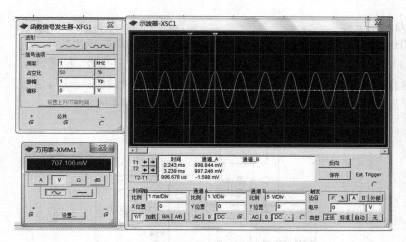

图 4.3　信号发生器、示波器、万用表控制面板设置及显示

（5）**实验室操作内容**

1）函数信号发生器使用练习（参阅第 3 章"常用实验仪器简介"中相关内容）

①按下电源开关键，开启仪器。

②设置输出波形。按"Shift"键后再按代表所需波形的功能按键。

③设置频率。按"频率/周期"键后使屏幕显示"××Hz"，输入数字，再按单位键。也可转动旋钮来连续调节信号频率的大小。

④设置幅度。按"幅度/脉宽"键后使系统工作在幅度状态下，输入数字，再按单位键；也可转动旋钮来连续改变信号幅度的大小。

2）双踪示波器使用练习（参阅第 3 章"常用实验仪器简介"中相关内容）

①按下电源开关键，开启仪器。

②校准信号测试。将探钩（双夹电缆线的红夹）和黑夹分别接在校准信号输出端对应位置上，按下"AUTO"键，使校准信号波形出现在屏幕上，再分别调整 V/div（伏/格）旋钮、垂直位移旋钮和 S/div（秒/格）旋钮、水平位移旋钮，使波形在垂直方向占 3 格，1 个周期波形在水平方向占 4 格，结合屏幕下方的 CH1 挡位指示值和 Time 挡位指示值，读出校准信号电压值和周期值（换算为频率），应为 3 V、1 kHz，表明接入探头（双夹电缆）线完好，并且示波器 Y 通道和 X 通道测试准确。

③用信号发生器和双踪示波器调波形。将信号发生器的红夹子和示波器的探钩（双夹电缆红夹）夹在一起，两个黑夹子夹在一起。任意设置信号发生器的波形、频率和幅度，调节示波器的 V/div（伏/格）旋钮、垂直位移旋钮和 S/div（秒/格）旋钮、水平位移旋钮，使波形在垂直方向和水平方向的大小位置合适，屏幕上一般显示 3~5 个波形，调出触发菜单，设置触发方式，使波形清晰稳定便于观察读数。

3）交流毫伏表使用练习（参阅第 3 章"常用实验仪器简介"中相关内容）

①通电前先检查表头指针是否指在零刻度线上，若有偏差，可用螺丝刀进行机械调零（不需要每次都调）。

②将信号发生器与交流毫伏表的红、黑夹子分别夹在一起。信号发生器输出为正弦波，频率和幅度任意设置。

③按下交流毫伏表的电源按钮，调节量程旋钮选择合适的量程，使表头指针偏转至满量程

的 1/2 以上的位置。

④结合挡位读出交流毫伏表示数,与信号发生器的输出幅度作比较。

4)函数信号发生器、双踪示波器、交流电压表测正弦波、三角波、方波信号

①将 3 台仪器直接并联,即将示波器的探头(双夹电缆的红夹子)与信号发生器、交流毫伏表的红夹子连在一起,黑夹子连在一起,连接示意图如图 4.4 所示。

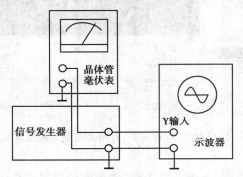

图 4.4　示波器、信号发生器、毫伏表连接示意图

②按照表 4.2 设置信号发生器输出信号参数,作为被测信号。

③调节示波器使屏幕上的波形显示大小合适、清晰稳定,读出数据填入表 4.2 中。

④调节交流毫伏表的挡位,读出示数填入表中。

表 4.2　测试数据记录表

测试项目	垂直电压挡位	波形垂直方向所占格数	计算出 V_{P-P} 值	换算成有效值	扫描时间挡位	波形水平方向所占格数	计算出周期	换算成频率数	交流毫伏表所选量程	交流毫伏表读数
500 Hz/10V_{P-P} 正弦波										
1 kHz/10V_{P-P}三角波										
1 kHz/10V_{P-P}占空比50%方波										

注:交流毫伏表是测量正弦波电压有效值的电压表,如果测方波和三角波有效值需进行换算,换算公式如下:

$$有效值=测量值×0.9×波形系数$$

方波波形系数为 1,三角波波形系数为 1.15。

(6)Multisim 10 仿真拓展性实验

在 Multisim 10 虚拟仪器中,安捷伦仪器有 3 种:安捷伦信号发生器、安捷伦万用表、安捷伦示波器。这 3 种仪器与真实仪器的面板,按钮、旋钮操作方式完全相同,使用起来更加真实。

1)安捷伦信号发生器

安捷伦信号发生器的型号是 33120A,其图标和面板如图 4.5 所示,这是一个高性能 15 MHz 的综合信号发生器。安捷伦信号发生器有两个连接端,上方是信号输出端,下方是接

地端。单击最左侧的电源按钮,即可按照要求输出信号。

图 4.5　安捷伦信号发生器的图标和面板

2)安捷伦万用表

安捷伦万用表的型号是 34401A,其图标和面板如图 4.6 所示,这是一个高性能 6 位半的数字万用表。

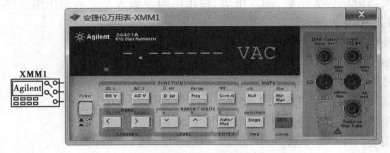

图 4.6　安捷伦万用表的图标和面板

安捷伦万用表有 5 个连接端,应注意面板的提示信息连接。单击最左侧的电源按钮,即可使用万用表,实现对各种电类参数的测量。

3)安捷伦示波器

安捷伦示波器的型号是 54622D,图标和面板如图 4.7 所示,这是一个 2 模拟通道、16 个逻辑通道、100 MHz 的宽带示波器。安捷伦示波器下方的 18 个连接端是信号输入端,右侧是外接触发信号端、接地端。单击电源按钮,即可使用示波器,实现各种波形的测量。

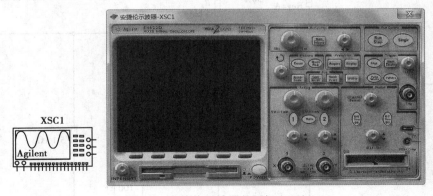

图 4.7　安捷伦示波器的图标和面板

4)连接

参考图 4.2 将安捷伦信号发生器、示波器和万用表连接起来,任意设置安捷伦信号发生器的波形和幅度,用安捷伦示波器观察波形,用安捷伦万用表测量电压。

（7）**思考题**

①在实际操作中,万用表能否用来测本实验中的交流电压? 毫伏表能否用来测量直流电压?

②在使用示波器时,怎样使屏幕上不稳定的波形变得稳定便于观察?

4.2　实验2　单级低频放大电路

（1）**实验目的**

①学会用 Multisim 10 软件进行单级低频放大电路仿真实验。

②进一步熟悉几种常用电子仪器的使用方法。

③掌握放大器静态工作点的调试方法,分析静态工作点对放大器性能的影响。

④掌握放大器电压放大倍数、输入电阻、输出电阻及最大不失真输出电压的测试方法。

（2）**实验仪器和设备**

①计算机及电路仿真软件 Multisim 10。

②模拟电路实验箱（SAC-DMS21 型）1 台。

③函数信号发生器（F05A 型）1 台。

④数字存储双踪示波器（DS5022 型）1 台。

⑤交流电压表（DF2175A）1 台。

⑥数字万用表（UT39A）1 台。

（3）**实验原理**

单级低频放大电路如图 4.8 所示,其为分压式偏置放大电路,是放大器中基本的放大器之一,因为具有保持环境温度等条件改变时的工作点不变的能力而得到了广泛应用。放大器的

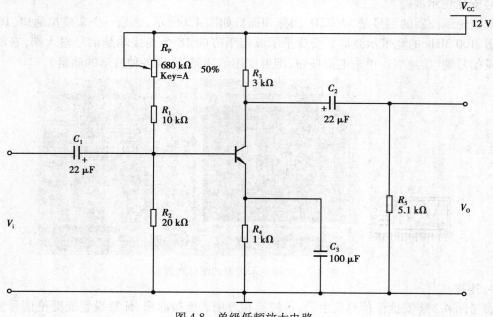

图 4.8　单级低频放大电路

基本任务是不失真地放大信号,衡量单级放大器性能的好坏主要有两个方面:一是要有合适的静态工作点;二是要有足够大的放大倍数。

1) 静态工作点的测量

① 静态工作点设置对输出波形的影响。静态工作点是否合适,对放大器的性能和输出波形都有很大影响。如工作点偏高,放大器在加入交流信号以后易产生饱和失真,此时 v_o 的负半周将被削底,如图 4.9(a) 所示;如工作点偏低则易产生截止失真,即 v_o 的正半周被缩顶(一般截止失真不如饱和失真明显),如图 4.9(b) 所示。这些情况都不符合不失真放大的要求。所以在选定工作点以后还必须进行动态调试,即在放大器的输入端加入一定的

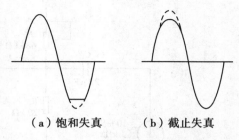

(a) 饱和失真　　(b) 截止失真

图 4.9　静态工作点对输出信号 v_o 的影响

输入电压 v_i,检查输出电压 v_o 的大小和波形是否满足要求。如不满足,则应调节静态工作点的位置。静态工作点与 V_{CC}、R_P、R_1、R_2、R_3、R_4 的取值均有关系,电路确定后,静态工作点是通过调节 R_P 来实现的。

② 静态工作点的测量。静态工作点电流 I_{CQ}、I_{BQ} 和电压 V_{BEQ}、V_{CEQ} 可以用万用表直流挡测得,I_{BQ} 很小,可以不测。测量 I_{CQ} 的方法一般有两种:一是将电流表串入集电极电路中直接测量集电极电流 I_{CQ};二是用电压表测量集电极电阻 R_C 上的电压降,用 $I_C = V_{RC}/R_C$ 算出集电极电流 I_{CQ}。一般实验中多采用第二种方法,不用断开集电极电路。

2) 电压放大倍数的测量

放大倍数是反映电路对信号的放大能力的一个参数,低频放大电路的电压放大倍数是指输入、输出电压有效值(或峰值)之比,即

$$A_V = \frac{V_o}{V_i}$$

放大倍数的测量实际上是对交流电压的测量,对于正弦电压,一般采用交流毫伏表直接测量的方法,各仪器接线图如图 4.10 所示。将被测放大电路的输入端与函数信号发生器相连,放大电路的输出端与示波器的 CH1(或 CH2)相连,信号发生器输出符合要求的信号电压 V_i,示波器显示放大器的输出波形 V_o,调节 R_P 使波形不失真(若波形失真,测出的放大倍数就毫无意义),用交流毫伏表分别测出 V_i 和 V_o,再用上面公式计算出电压放大倍数 A_V。

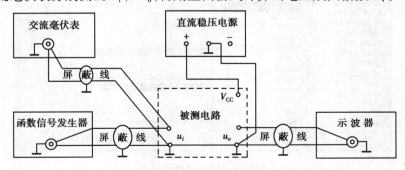

图 4.10　测量放大倍数仪器接线图

(4) Multisim 10 仿真实验预习

1) 组建单级共射放大电路仿真电路图

在 Multisim 10 仿真软件工作平台上,组建如图 4.11 所示的单级共射放大电路仿真电路。

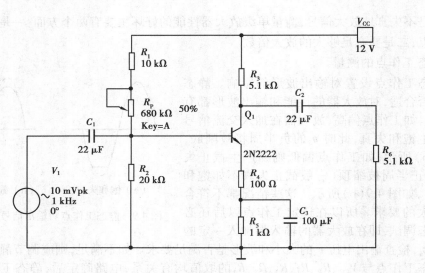

图 4.11　单级共射放大电路仿真电路图

①调取三极管。单击仿真软件 Multisim 10 元件工具条中的"晶体管"按钮,如图 4.12 所示。弹出"选择元件"对话框,如图 4.13 所示,在"系列"里选择"BJT_NPN"系列,在"元件"里选择"2N2222",单击"确定",将三极管拖到电子平台上合适的位置。

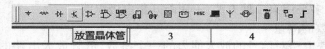

图 4.12　单击晶体管按钮

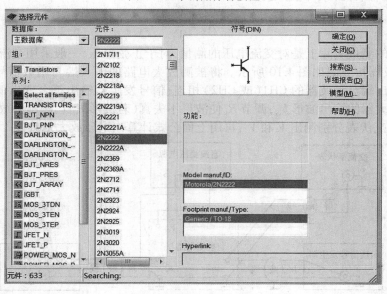

图 4.13　选择元件对话框

②放置电阻。单击仿真软件 Multisim 10 元件工具条中的"基础元件"按钮,弹出"选择元件"对话框,如图 4.14 所示,在"系列"里选择"RESISTOR"系列,在"元件"里选择"10 k",单击"确定",将电阻拖到电子平台上合适的位置。继续单击"确定"按钮,拖出电路所需要的 6 个固定电

阻放置在电子平台上。也可采用调出一个电阻后,用"复制","粘贴"的方法放置其他电阻。

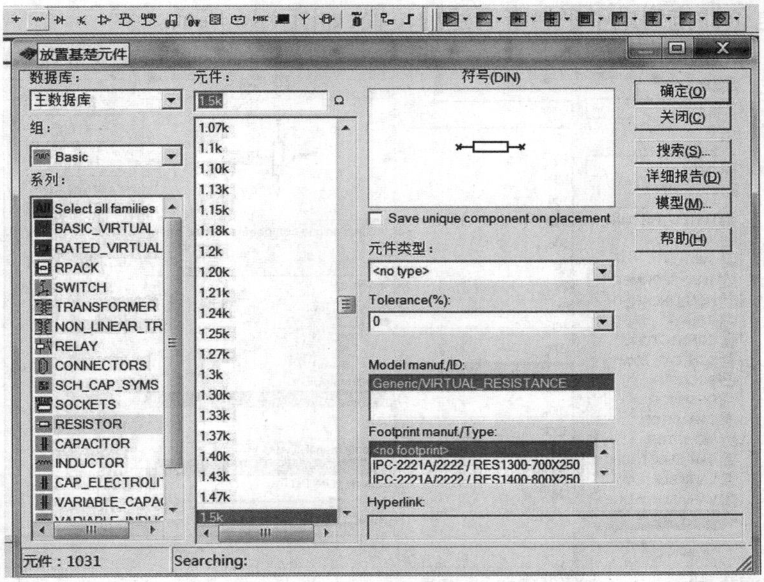

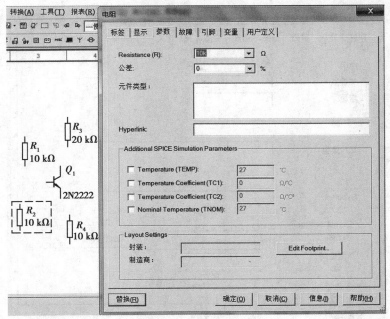

图 4.14　选择电阻

将电阻旋转 90°,使之由水平放置变为垂直放置。再双击其中任一个电阻,弹出"电阻"对话框,单击"Resistance(R)"栏右侧的下拉箭头,拉动滚动条选取"20 k",或者将"10 k"拖黑,直接修改为"20 k",单击对话框下方的"确定"按钮退出,就可以将电阻 R_2 由原来的"10 kΩ"修改为"20 kΩ"了。用同样的方法可以将其余的电阻修改成所需要的电阻,如图 4.15 所示。

图 4.15　"电阻"对话框

③放置电位器。单击仿真软件 Multisim 10 元件工具条中的"基础元件"按钮,弹出"选择

元件"对话框,在"系列"里选择"POTENTIOMETER"系列,在"元件"里选择任意一个阻值,单击"确定",将电位器拖到电子平台上合适的位置,如图 4.16 所示。

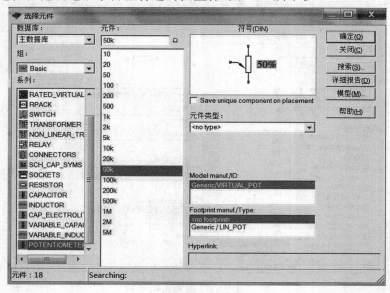

图 4.16　选择电位器

　　双击电位器图标,弹出电位器对话框,如图 4.17 所示。修改电位器参数为"680 kΩ",单击"标签"将参考标识"R_6"修改为"R_P"。将鼠标移近电位器时将出现电位器的滑动槽和滑动块,如图 4.18 所示。按住鼠标左键使滑动块在滑动槽中左右移动,同时电位器的百分比跟着

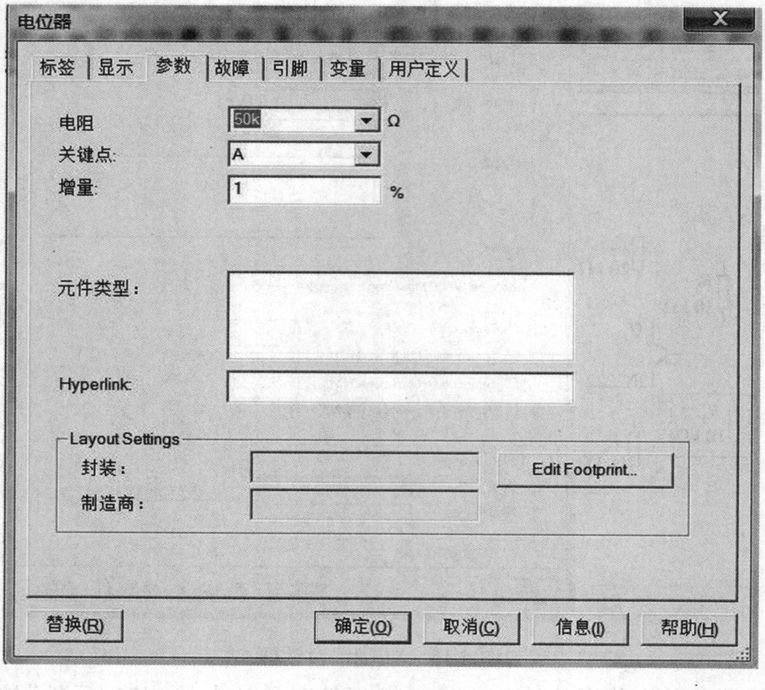

图 4.17　电位器对话框

变化,从而改变电位器阻值。按键盘上的"A"键,同样能改变电
位器的百分比和阻值。

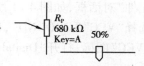

图 4.18　用鼠标控制电位器

④放置电容。单击仿真软件 Multisim 10 元件工具条中的
"基础元件"按钮,弹出"选择元件"对话框,如图 4.19 所示。在
"系列"里选择"CAPACITOR"系列,在"元件"里选择"22 μ",单
击"确定",将电容拖到电子平台上合适的位置。继续单击"确定"按钮,拖出电路所需要的 3
个电容放置在电子平台上。双击电容 C_3,弹出电容对话框,如图 4.20 所示,在"Capacitance
(C)"栏将"22 μF"修改为"100 μF"。

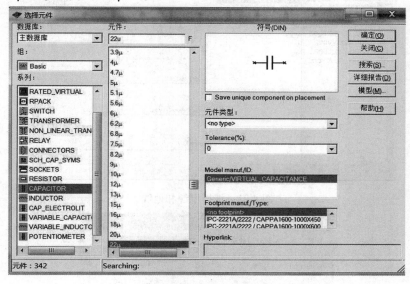

图 4.19　选择电容

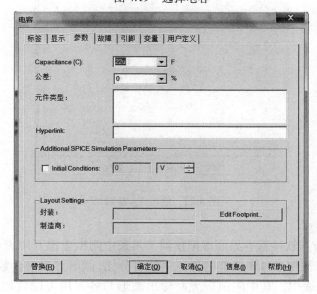

图 4.20　电容对话框

⑤放置电源和地线。单击仿真软件 Multisim 10 元件工具条中的"信号源"按钮,弹出"选

择元件"对话框,如图 4.21 所示。在"系列"里选择"POWER_SOURCES"系列,在"元件"里分别选择"VCC""GROUND",单击"确定",将电源和地线分别拖到电子平台上合适的位置。单击"VCC"图标,打开"Digital Power"对话框,选择"参数",将"5 V"修改为"12 V",如图 4.22所示。

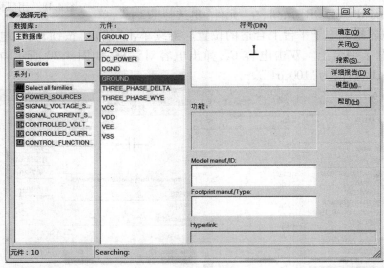

图 4.21 选择电源和地线

图 4.22 修改 V_{CC} 参数

2)测试静态工作点

从 Multisim 10 仿真软件基本界面虚拟仪器工具条中调出虚拟万用表和双踪示波器,如图 4.23 放置在电路中。按照表 4.3 调节电位器阻值百分比,读出万用表读数,观察示波器波形,并将数据和波形填入表中。其中阻值较大时输出波形与各万用表读数如图 4.24 所示。仿真时测试静态工作点也可不用万用表,用测量探针来测量,如图 4.25 所示。

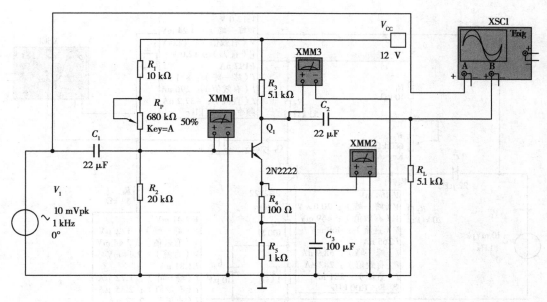

图 4.23　测试静态工作点

表 4.3　静态工作点测试数据记录表

测试项目　　　　 R_P 阻值	V_{BQ}	V_{EQ}	V_{CQ}	I_{BQ}	I_{CQ}	记录输出波形	判别工作状态
阻值较大(70%)							
阻值适中(18%)							
阻值较小(5%)							

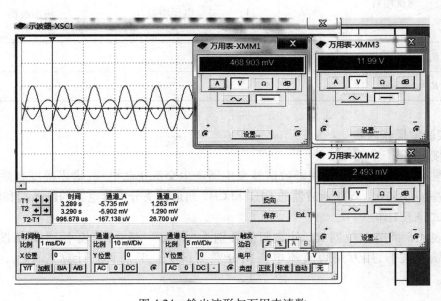

图 4.24　输出波形与万用表读数

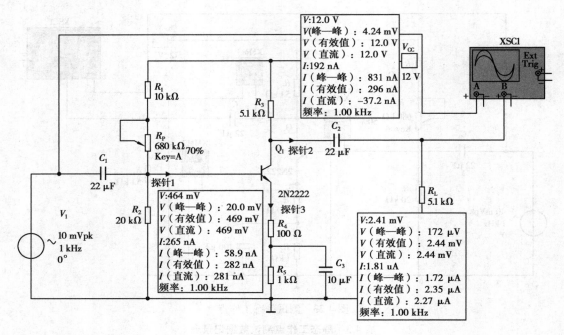

图 4.25　用测量探针测量静态工作点

3）测试电压放大倍数

调节 R_P 使输出波形基本上不失真，再用虚拟万用表的交流电压挡分别测出输入电压 V_i 和当 $R_L = \infty$ 时与 $R_L = 5.1$ kΩ 时的输出电压 V_o，算出 A_v，画出输出电压波形，将测试数据填入表 4.4 中。

表 4.4　电压放大倍数数据记录表

测试项目 R_L 阻值	V_i	V_o	电压增益 A_v	输出波形
$R_L = \infty$				
$R_L = 5.1$ kΩ				

（5）实验室操作内容

1）搭接电路

根据图 4.23 搭接电路，V_i 用函数信号发生器产生交流正弦电压，输出幅度有效值为 $V_i = 20$ mV，频率 $f = 1$ kHz。双踪示波器的 CH1 和 CH2 通道探头分别接电路的输入端和输出端。

2）测试静态工作点

根据表 4.5 调节电位器 R_P，使之阻值分别为"较大""适中""较小"3 种情况，同时观察示波器输出波形，用万用表直流电压挡分别测试 V_{BQ}、V_{EQ}、V_{CQ}，计算 I_{BQ}、I_{CQ}，并将数据填入表中。

表 4.5 静态工作点测试数据记录表

测试项目 R_P阻值	V_{BQ}	V_{EQ}	V_{CQ}	I_{BQ}	I_{CQ}	记录输出波形	判别工作状态
阻值较大							
阻值适中							
阻值较小							

3）电压放大倍数的测量

调节 R_P 使输出波形基本不失真,再用交流电压表分别测出当 $R_L = \infty$ 时和 $R_L = 5.1\ \text{k}\Omega$ 时的 V_o,算出 A_v,画出输出电压波形,将测试数据填入表 4.6 中。

表 4.6 电压放大倍数数据记录表

测试项目 R_L阻值	V_i	V_o	电压增益 A_v	输出波形
$R_L = \infty$				
$R_L = 5.1\ \text{k}\Omega$				

4）测量最大不失真输出电压幅度

输入幅度有效值为 $V_i = 20\ \text{mV}$,频率 $f = 1\ \text{kHz}$ 的正弦信号,调节 R_P,用示波器观察到不失真的输出波形后,逐渐增大输入波形 V_i,观察输出波形有无失真,如有失真,则调 R_P,使波形正、负峰同时出现削顶失真,此时,再减小输入信号 V_i 并反复调节 R_{P1},直至输出电压波形的正、负峰刚好退出削顶失真为止,此时 V_i 即为放大器的最大允许输入电压幅度,同时 V_o 即为最大不失真输出幅度,记录下此时的输入输出电压,并描绘出输出波形。

表 4.7 最大不失真输出电压记录表

V_i	V_o	电压增益 A_v	输出波形

（6）Multisim 10 **仿真拓展性实验**

1）实验内容

①在如图 4.8 所示的单级低频放大电路中,在无射极旁路电容 C_3 的条件下,测量发射极电阻分别为 $100\ \Omega$、$500\ \Omega$、$1\ \text{k}\Omega$ 时的放大电路特性参数,研究射极电阻对 A_v、r_i、r_o 的影响。

②在有射极旁路电容 C_3 的条件下,测量 V_{CEQ} 等于 $4\ \text{V}$、$6\ \text{V}$、$9\ \text{V}$ 时的放大电路特性参数,研究静态工作点对 A_v、r_i、r_o 的影响。

2）实验要求

①根据实验内容在 Multisim 10 电子平台上搭接电路,改变发射极电阻阻值,分别测试 A_v、

r_i、r_o,分析发射极电阻对 A_v、r_i、r_o 的影响。

②通过改变基极偏置电阻的大小,使 V_{CEQ} 分别等于 4 V、6 V、9 V 时,测试 A_v、r_i、r_o,分析静态工作点对 A_v、r_i、r_o 的影响。

(7)思考题

①饱和失真与截止失真与哪些因素有关?若出现失真,应该怎样消除?

②负载 R_L 对电压放大倍数有什么影响?

③用 NPN 型三极管和 PNP 型三极管构成的放大器,输出波形的饱和失真和截止失真波形是否相同?

4.3　实验 3　射极输出器

(1)实验目的

①进一步熟悉用 Multisim 10 软件进行实验仿真。

②掌握射极输出器电路的特点。

③熟悉放大器输入电阻、输出电阻和电压增益的测试方法。

(2)实验仪器和设备

①计算机及电路仿真软件 Multisim 10。

②模拟电路实验箱(SAC-DMS21 型)1 台。

③函数信号发生器(F05A 型)1 台。

④数字存储双踪示波器(DS5022 型)1 台。

⑤交流电压表(DF2175A)1 台。

⑥数字万用表(UT39A)1 台。

(3)实验原理

三极管共集放大电路即射极输出器,其电路组成如图 4.26 所示。射极输出器具有输入电阻大、输出电阻小、电压跟随特性好的优良特性,而且具有一定的电流放大能力和功率放大能力,因而在实际电路主要应用于三个方面:一是用作高输入电阻的输入级;二是用作低输出电阻的输出级;三是用作多级放大电路的中间级。

1)输入电阻的测量

放大器输入电阻 R_i 是向放大器输入端看进去的等效电阻。输入电阻的大小反映放大器消耗前级信号功率的大小,是一个重要指标,定义为输入电压 V_i 和输入电流 I_i 之比,即

$$R_i = \frac{V_i}{I_i}$$

测量输入电阻的原理如图 4.27 所示。

由于射极跟随器输入阻抗高,在电压表的内阻不是很高时,电压表的分流作用不可忽视,它将使实际测量结果变小。为了减少测量误差,提高测量精度,在信号源和被测放大器之间串入一个已知电阻,本实验 R_S 取 51 kΩ。调整函数信号发生器的输出,使示波器出现不失真的波形,用交流毫伏表分别测得 R_S 两端对地电压 V_S 和 V_i,因为输入回路的电流 I_i 为:

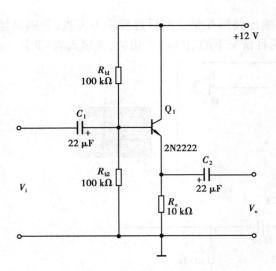

图 4.26　射极输出器电路图

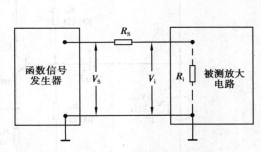

图 4.27　测量输入电阻的原理框图

$$I_i = \frac{V_R}{R_S} = \frac{V_S - V_i}{R_S}$$

因此

$$R_i = \frac{V_i}{I_i} = \frac{V_i}{V_s - V_i} \cdot R_S$$

2）输出电阻的测量

放大器输出电阻是从输出端向放大电路看进去的交流等效电阻,是衡量放大电路带负载能力的指标,输出电阻越小,带负载的能力越强,其表达式为:

$$R_o = \frac{V_o}{I_o}$$

输出电阻的测量原理如图 4.28 所示。用示波器监测输出波形,在保持输出波形不失真的情况下,用交流毫伏表测出带负载时的输出电压 V_o,空载时的输出电压 V'_o,通过下列公式计算 R_o 的值:

$$R_o = \left(\frac{V'_o}{V_o} - 1\right) R_L$$

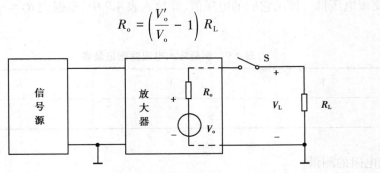

图 4.28　测量输出电阻的原理框图

（4）Multisim 10 仿真实验预习

1）测量电压放大倍数

根据图 4.29 所示,在 Multisim 10 电子平台上调出所需元器件和虚拟仪器,连接好电路。

65

设置信号频率为 1 kHz,输入信号幅度应使电路输出波形在整个测量过程中不失真,分别测量出电路在不接负载 $R = \infty$ 和接负载 $R = 5.1$ kΩ 两种情况下的电压放大倍数,并填入表4.8中。

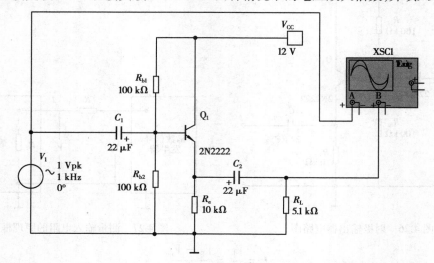

图 4.29 测量射极输出器电压放大倍数仿真电路图

表 4.8 电压放大倍数数据记录表

待测参数	$R_L = \infty$			$R_L = 5.1$ kΩ		
	V_i/V	V_o/V	$A_V = V_o/V_i$	V_i/V	V_o/V	$A_V = V_o/V_i$
理论值						
实测值						

2)输入电阻的测量

在图 4.29 所示电路的输入端串接一个 51 kΩ 的电阻,再调出两个虚拟万用表,按如图 4.30所示连接电路。开启仿真开关,双击虚拟万用表"XMM1"和"XMM2"图标,打开控制面板,切换至交流电压挡。读出它们的电压值,并填入表 4.9 中,根据式 $R_i = \dfrac{V_i}{I_i} = \dfrac{V_i}{V_S - V_i} \cdot R_S$ 求出输入电阻。

表 4.9 测量输入电阻数据记录表

V_S	V_i	R_i

3)输出电阻的测量

在如图 4.29 所示电路的负载上串接一个开关,通过控制开关使电路为空载或带负载。在输出端并联一个虚拟万用表,如图 4.31 所示。将万用表切换至交流电压挡,开启仿真开关,分别读出空载和带负载时的输出电压 V_o' 和 V_o,并填入表 4.10 中,根据式 $R_o = (V_o'/V_o - 1)R_L$,求出输出电阻。

表 4.10　测量输出电阻数据记录表

V'_o	V_o	R_o

（5）实验室操作内容

1）测试静态工作点

按照如图 4.29 所示在实验箱上搭接电路，将图中 V_i 用信号发生器来代替信号发生器输出频率内 1 kHz 正弦波，输入信号幅度应使电路输出波形在整个测量过程中不失真。用数字万用表测试静态工作点，将结果填入表 4.11 中。

表 4.11　测试静态工作点数据记录表

待测参数	V_B	V_E	V_C
理论值			
实测值			

2）测试电压放大倍数

根据图 4.29 在实验箱上搭接好电路，信号发生器输出频率为 1 kHz 的正弦波，输入信号幅度应使电路输出波形在整个测量过程中不失真，分别测量出电路在不接负载 $R_L = \infty$ 和接负载 $R_L = 5.1$ kΩ 两种情况下的电压放大倍数，并将数据填入表 4.12 中。

表 4.12　电压放大倍数数据记录表

待测参数	$R_L = \infty$			$R_L = 5.1$ kΩ		
	V_i / V	V_o / V	$A_V = V_o / V_i$	V_i / V	V_o / V	$A_V = V_o / V_i$
理论值						
实测值						

3）测试输入、输出电阻

分别按照图 4.30 和图 4.31 所示方法测试射极输出器的输入电阻和输出电阻，并将数据填入表 4.13 中。

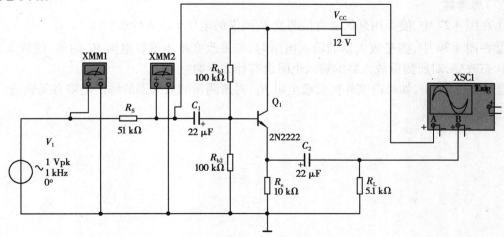

图 4.30　测量输入电阻仿真电路图

67

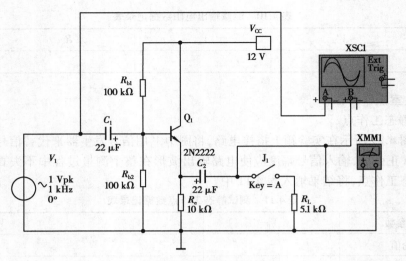

图 4.31　测量输出电阻仿真电路图

表 4.13　测试输入、输出电阻数据记录表

待测参数	V_S	V_i	R_i	V_o'	V_o	R_o
理论值						
实测值						

（6）Multisim 10 仿真拓展性实验

①实验内容：设计如图 4.31 所示的射极输出器的偏置电路，并确定电源电压 V_{CC} 的值。已知所用三极管为 2N2221，其 $\beta = 40 \sim 50$，$R_L = 300\ \Omega$，要求输出电压 $V_o \geqslant 3.5$ V。

②实验要求。

a.根据设计要求确定 R_b、R_e 和 V_{CC} 的值，并检验所给三极管参数是否满足电路设计要求。

b.根据所选用的元件参数估算电压放大倍数和电压跟随范围。

c.按图 4.31 所示电路在 Multisim 10 电子平台上搭接电路，进行动态仿真测试，验证所选用的元件参数是否满足设计要求。

（7）思考题

①在图 4.27 中，能否用毫伏表直接测量 R_S 两端的电压 v_{RS}，为什么？

②在图 4.30 中，测量放大器的输入电阻时，如果改变基极偏置电阻 R_{b1} 的值，使放大器的工作状态改变，对所测量放大器的输入电阻值有什么影响？

③在图 4.31 中，如果改变外接负载电阻 R_L，对所测量的放大器的输出电阻有无影响？

4.4 实验4 两级阻容耦合放大电路

（1）实验目的

①熟练使用 Multisim 10 软件进行两级阻容耦合放大电路实验仿真。

②掌握两级阻容耦合放大电路静态工作点的测量与调试方法。

③掌握两级阻容耦合放大电路电压放大倍数及频率特性的测量方法。

（2）实验仪器和设备

①计算机及电路仿真软件 Multisim 10。

②模拟电路实验箱（SAC-DMS21 型）1 台。

③函数信号发生器（F05A 型）1 台。

④数字存储双踪示波器（DS5022 型）1 台。

⑤交流电压表（DF2175A）1 台。

⑥数字万用表（UT39A）1 台。

（3）实验原理

多级放大电路是由多个单级放大电路组成的电路，级与级之间的连接称为"耦合"，常见的耦合方式有 4 种：阻容耦合、变压器耦合、直接耦合和光电耦合，阻容耦合交流放大电路是低频放大电路中应用得最多、最为常见的电路。

阻容耦合方式的特点是各级直流工作点相互独立，互不影响，便于调整，放大器性能比较稳定，但不能耦合直流信号，对超低频信号的耦合衰减较大，对低频信号的耦合要求电容容量较大，频率特性较差，不便于集成。

在阻容耦合多级放大器中，由于输出级的输出电压和输出电流都比较大，因而输出级的静态工作点一般设置在交流负载线的中点，以获得最大动态范围或最大不失真输出电压。

本实验电路为两级阻容耦合放大电路，如图 4.32 所示。

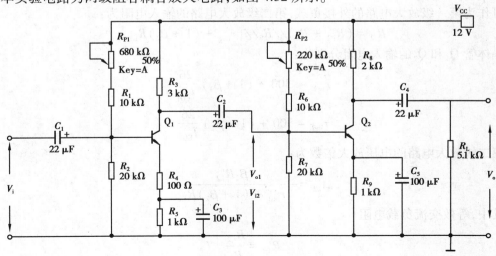

图 4.32 两级阻容耦合放大器实验电路

1）静态工作点

在晶体管 Q_1 的输出特性曲线中直流负载线与横轴的交点 $V_{CEQ1} = V_{CC}$，与纵轴的交点（$V_{CE} = 0$ 时）集电极电流为：

$$I_{CQ1} = \frac{V_{CC}}{R_3 + R_4 + R_5}$$

静态工作点 Q_1 位于直流负载线的中部附近，由静态时的集电极电流 I_{CQ1} 和集-射电压 V_{CEQ1} 确定。当流过上下偏置电阻的电流足够大时，晶体管 Q_1 的基极偏压为：

$$V_{B1} = \frac{(R_{P1} + R_1) V_{CC}}{R_{P1} + R_1 + R_2}$$

晶体管 Q_1 的静态发射极电流为：

$$I_{EQ1} = \frac{V_{B1} - V_{BE1}}{R_4 + R_5} \approx \frac{V_{B1} - 0.7}{R_4 + R_5}$$

静态集电极电流近似等于发射极电流，即：

$$I_{CQ1} = I_{EQ1} - I_{BQ1} \approx I_{EQ1}$$

晶体管 Q_1 的静态集电极电压为：

$$V_{CQ1} = V_{CC} - I_{CQ1} R_{C1}$$

2）电压放大倍数

两级阻容耦合放大电路的总电压放大倍数为：

$$A_u = A_{u1} A_{u2}$$

其中，第一级放大电路的电压放大倍数为：

$$A_u = -\frac{\beta_1 R'_{L1}}{r_{be1} + (1 + \beta_1) + R_{E1}}$$

晶体管 Q_1 的等效负载电阻为：

$$R'_{L1} = \frac{R_3}{R_{i2}}$$

可作为第一级放大电路的外接负载，第二级放大电路的输入电阻为：

$$R_{i2} = (R_{P2} + R_6) // R_7 // [r_{be2} + (1 + \beta_2) R_{E2}]$$

晶体管 Q_1 和 Q_2 的输入电阻分别为：

$$r_{be1} \approx 300 + (1 + \beta_1) \frac{26}{I_{EQ1}}$$

$$r_{be2} = 300 + (1 + \beta_2) \frac{26}{I_{EQ2}}$$

第二级放大电路的电压放大倍数为：

$$A_{u2} = -\frac{\beta_2 R'_{L2}}{r_{be2} + (1 + \beta_2) R_{E2}}$$

其中，等效交流负载电阻

$$R'_{L2} = \frac{R_{C2}}{R_L}$$

3）频率响应特性

放大器在放大频率过低或过高信号时，放大器增益会下降，而造成放大器低频或高频时的放大性能变差。故这种放大器的放大倍数和工作信号频率有关联的特性称为频率响应，或称频率特性。如用曲线表示，其曲线则称为频率响应曲线，如图 4.33 所示，即为放大器的频率响应曲线的一般形式。

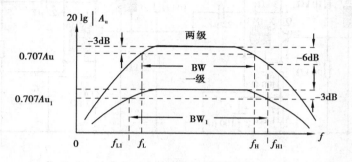

图 4.33　放大器的幅频特性曲线

图 4.33 中的两条曲线是单级放大器和两级放大器的幅频特性曲线。当放大倍数下降到峰值时的 0.707 倍（即 -3 dB）时，在低频区所对应的低频点称为下限频率，用 f_L 表示，在高频区所对应的高频点称为上限频率，用 f_H 表示。放大器频率响应曲线频带宽度 $f_{BW} = f_H - f_L$，即通频带。从图中可以看出，两级放大器的下限频率 f_L 比单级放大器的 f_{L1} 高，即 $f_L > f_{L1}$，而上限频率 f_H 比单级放大器的上限频率 f_{H1} 低，即 $f_H < f_{H1}$。显然，两级放大器时的带宽要比单级放大器的带宽窄，即 $f_{BW} < f_{BW1}$。

（4）Multisim 10 **仿真实验预习**

1）测试静态工作点

根据图 4.34 在 Multisim 10 电子平台上调出所需元器件和虚拟仪器，连接好电路。设置信号频率为 1 kHz，输入信号幅度为 2～5 mV，分别调节 R_{P1}、R_{P2}，用示波器观察使输出信号幅度较大且不失真，用数字万用表测出 Q_1 和 Q_2 各极电位并填入表 4.14 中。

表 4.14　测量静态工作点数据记录表

Q_1（第一级）					Q_2（第二级）				
V_{BQ1}	V_{CQ1}	V_{EQ1}	V_{BEQ1}	V_{CEQ1}	V_{BQ2}	V_{CQ2}	V_{EQ2}	V_{BEQ2}	V_{CEQ2}

2）测量频率特性

在放大器输入端输入 $V_i = 2$ mV，$f = 1$ kHz 的正弦信号，用示波器观察输出电压波形，分别调节 R_{P1}、R_{P2}，使波形不失真，用万用表的交流电压挡测出 V_o。保持 $V_i = 2$ mV，升高信号源频率，当输出电压降至 0.7 V_o 时，记录下此时信号源的频率，即为放大器的上限截止频率 f_H；同样的方法，保持 $V_i = 2$ mV，降低信号源频率，当输出电压降至 0.7 V_o 时，记录下此时信号源的频率，即为放大器的下限截止频率 f_L，将数据填入表 4.15 中。

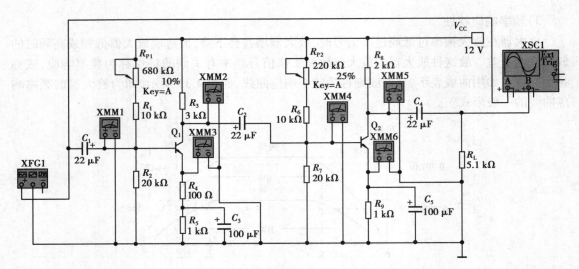

图 4.34　测量两级放大器静态工作点仿真电路图

表 4.15　测量频率特性测试表

测试项目	V_i	V_o	V_{oH}	V_{oL}	$f_H/$ kHz	$f_L/$Hz	f_{bw}
$R_L = \infty$							
$R_L = 5.1$ kΩ							

　　也可用波特图示仪观察放大器的频率特性,如图 4.35 所示,调出波特图示仪分别观察第一级放大器、第二级放大器和两级放大器的频率特性曲线,图 4.36 所示为各波特图示仪测试的曲线,XBP1 测试第一级放大器,XBP2 测试第二级放大器,XBP3 测试总的两级放大器。从图中可以看出,两级放大器的通频带明显比单级放大器的通频带窄。

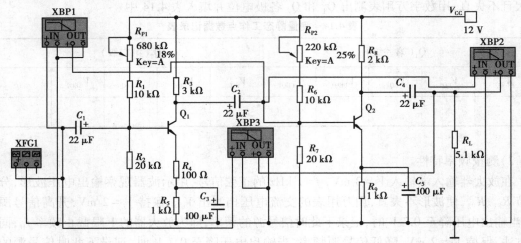

图 4.35　用波特图示仪观察放大器频率特性仿真图

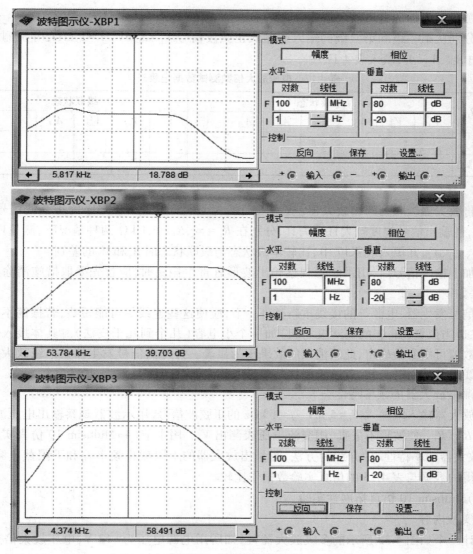

图 4.36　波特图示仪面板

（5）实验室操作内容

1）测试静态工作点

按图 4.32 在实验箱上搭接电路,用函数信号发生器输出 $V_i = 5$ mV, $f = 1$ kHz 的正弦波信号,接入电路输入端。用双踪示波器观察输入和输出波形,分别调节 R_{P1}、R_{P2},使输出信号幅度较大且不失真,用数字万用表测出 Q_1 和 Q_2 各极电位并填入表 4.16 中。

表 4.16　测量静态工作点数据记录表

Q_1（第一级）					Q_2（第二级）				
V_{BQ1}	V_{CQ1}	V_{EQ1}	V_{BEQ1}	V_{CEQ1}	V_{BQ2}	V_{CQ2}	V_{EQ2}	V_{BEQ2}	V_{CEQ2}

2）测量放大器的电压放大倍数

①分别从第一级和第二级的输入端输入正弦波信号 $V_i = 5$ mV，$f = 1$ kHz，分别测出 V_{o1}、V_{o2}，算出 A_{v1}、A_{v2}、A_v，填入表 4.17 中。

表 4.17　电压放大倍数测试数据记录表

负载 R_L	单级状态							级联状态					
	V_{i1}	V_{i2}	V_{o1}	V_{o2}	A_{v1}	A_{v2}	A_v	V_i	V'_{o1}	V'_{o2}	A'_{v1}	A'_{v2}	A'_v
$R_L = \infty$													
$R_L = 5.1$ kΩ													

②将放大器级联为两级放大器，从输入端加入 $V_i = 5$ mV，$f = 1$ kHz 的正弦波信号，调节 R_{P1}、R_{P2}，使输出信号幅度较大且不失真，分别在 $R_L = \infty$，$R_L = 5.1$ kΩ 两种情况下，测量 V'_{o1}、V'_{o2}，算出 A'_{v1}、A'_{v2}、A'_v，并填入表 4.17 中，比较单级状态与级联状态时 A_v 和 A'_v 的差别。

若加上输入信号后，用示波器观察输出波形有寄生振荡时，应首先采取措施消除寄生振荡，方法如下：

将信号发生器、电源等的接线重新整理一下，应使这些连线尽可能短些，若振荡不能消除时，可在适当位置（如 Q_2 的 b、c 极之间）加一个小电容（几个到几千皮法）。具体接入位置和电容的数值可由实验确定，此法消振的效果较为显著。另外由信号发生器至两级放大器输入端的接线最好使用屏蔽线，以防止干扰信号进入放大器。

3）测量放大器的频率特性

在放大器输入端输入 $V_i = 5$ mV，$f = 1$ kHz 的正弦波信号，用示波器观察输出电压波形，分别调节 R_{P1}、R_{P2}，使波形不失真，用交流电压表测出 V_o。用本节（4）Multisim 10 仿真实验预习"测量放大器频率特性"中介绍的方法，测量出放大器的上限截止频率 f_H 和下限截止频率 f_L，并将测得的数据与表 4.15 的仿真实验数据作比较。

（6）Multisim 10 仿真拓展性实验

1）实验内容

设计一个如图 4.32 所示的多级放大器，已知所用电源电压为 +12 V，电压放大倍数 $A_v \geqslant 5\ 000$（绝对值），输入电阻 $R_i \geqslant 1$ kΩ，输出电阻 $R_o \leqslant 3$ kΩ，负载电阻 $R_L = 3$ kΩ，通频带宽 BW 优于 100 Hz ~ 1 MHz，输出最大不失真电压为 5 V（峰峰值）。

2）实验要求

①根据设计要求确定偏置电阻的值。

②根据所选用的元件参数估算电压放大倍数。

③按图 4.32 所示电路在 Multisim 10 电子平台上搭接电路进行仿真测试，调试波形不失真，验证所选用的元件参数是否满足设计要求。

④自拟表格，在波形不失真的条件下测试以下内容：

a.各级静态工作点。

b.各级电压放大倍数。

c.输入电阻和输出电阻。

d.通频带 BW。

（7）**思考题**

①改变静态工作点对放大器输出波形有什么影响？

②实验中测量两级放大器的电压放大倍数时，测量单级放大器的A'_{v1}和级联后的A_{v1}为什么会不相同？

③如果将电路中 NPN 型晶体三极管换成 PNP 型晶体三极管，电路中有哪些变化？测试时要注意什么问题？

4.5　实验 5　负反馈放大器

（1）**实验目的**

①研究负反馈对放大器性能的影响。

②熟练使用 Multisim 10 软件进行负反馈放大器的实验仿真。

③掌握负反馈放大器性能指标的调试及测试方法。

（2）**实验仪器和设备**

①计算机及电路仿真软件 Multisim 10。

②模拟电路实验箱（SAC-DMS21 型）1 台。

③函数信号发生器（F05A 型）1 台。

④数字存储双踪示波器（DS5022 型）1 台。

⑤交流电压表（DF2175A）1 台。

⑥数字万用表（UT39A）1 台。

（3）**实验原理**

负反馈放大器通常由基本放大电路和负反馈网络组成。虽然负反馈使放大器的放大倍数降低，但能在多方面改善放大器的动态指标，如稳定放大倍数，改变输入、输出电阻，减小非线性失真和展宽通频带等。因此，几乎所有的实用放大器都带有负反馈。

负反馈放大器有 4 种组态，即电压串联、电压并联、电流串联、电流并联。本实验以电压串联负反馈为例，分析负反馈对放大器各项性能指标的影响。

图 4.37 所示为带有负反馈的两级阻容耦合放大电路，在电路中通过R_f将输出电压V_o引回到输入端，加在晶体管Q_1的发射极上，在发射极电阻R_4上形成反馈电压V_f。根据反馈的判断法可知，其属于电压串联负反馈。主要性能指标如下所述。

①闭环电压放大倍数：

$$A_{Vf} = \frac{A_V}{1 + A_V F_V}$$

式中　$A_V = V_o / V_i$——基本放大器（无反馈）的电压放大倍数，即开环电压放大倍数；

　　　$1 + A_V F_V$——反馈深度，其大小决定了负反馈对放大器性能改善的程度。

②反馈系数：

$$F_V = \frac{R_4}{R_f + R_4}$$

③输入电阻：

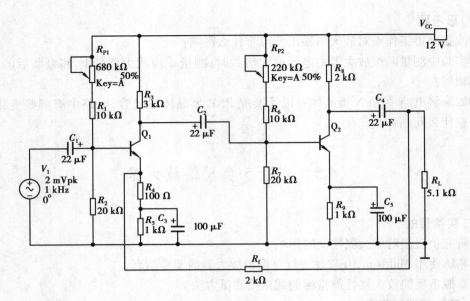

图 4.37　负反馈放大电路

$$R_{if} = (1 + A_V F_V) R_i$$

式中　R_i——基本放大器的输入电阻。

④输出电阻：

$$R_{of} = \frac{R_o}{1 + A_{Vo} F_V}$$

式中　R_o——基本放大器的输出电阻；

　　　A_{Vo}——基本放大器 $R_L = \infty$ 时的电压放大倍数。

（4）Multisim 10 **仿真实验预习**

1）测试开环电压放大倍数和闭环电压放大倍数

①根据图 4.38 所示在 Multisim 10 电子平台上调出所需元器件和虚拟仪器，连接好电路。设置信号频率为 1 kHz，输入信号幅度为 5 mV，当 S_1 断开时放大电路为开环状态，当 S_1 闭合时放大电路为闭环状态，分别调节 R_{P1}、R_{P2}，用示波器观察使输出信号幅度较大且不失真，用数字万用表交流电压挡分别测出开环时的 V_o 及闭环时的 V_o' 并填入表 4.18 中。

表 4.18　开环和闭环状态下测试数据记录表

负载 R_L	开环状态			闭环状态		
	V_i/mV	V_o/mV	$A_u = V_o/V_i$	V_i/mV	V_o'/mV	$A_u' = V_o'/V_i$
S_2 断开（空载）						
S_2 闭合（$R_L = 5.1$ kΩ）						

②调节 R_{P3} 阻值大小，观察示波器输出信号波形的变化。

2）测试开环和闭环状态下的频率特性

用波特图示仪测量开环和闭环两种状态下的频率特性，双击"XBP1"图标，打开波特图示仪面板，调节"水平"和"垂直"的"F"和"I"在合适位置，用标尺测出并记录下中心频率增益，

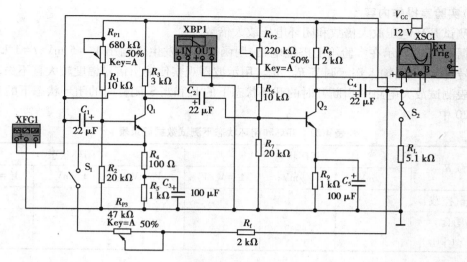

图 4.38　负反馈放大器仿真实验电路图

再用标尺分别测出高频端−3 dB 处的频率和低频端−3 dB 处的频率,即为上限截止频率和下限截止频率,如图 4.39 和图 4.40 所示,并将数据填入表 4.19 中。

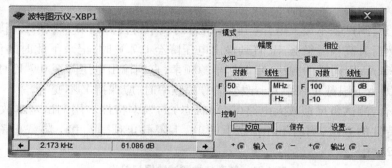

图 4.39　开环状态下中心频率增益

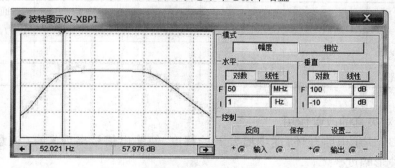

图 4.40　开环状态时下限截止频率

表 4.19　负反馈放大器频率特性测试数据记录表

	中心频率 增益/dB	f_H/kHz	f_L/kHz	通频带 $f_{bw}=f_H-f_L$/kHz
开环状态				
闭环状态				

(5)实验室操作内容

1)测试开环电压放大倍数和闭环电压放大倍数

根据图 4.38 所示在实验箱上搭接电路,用函数信号发生器输出 $V_i = 5$ mV,$f = 1$ kHz 的正弦波信号,接入电路输入端。调节 R_{P1}、R_{P2},用示波器观察使输出信号幅度较大且不失真,分别用毫伏表测试放大电路中 S_1 断开时的开环状态下的 V_o 和当 S_1 闭合时的闭环状态下的 V'_o,并填入表 4.20 中。

表 4.20　开环和闭环状态下测试数据记录表

负载 R_L	开环状态			闭环状态		
	V_i/mV	V_o/mV	$A_u = V_o/V_i$	V_i/mV	V'_o/mV	$A'_u = V'_o/V_i$
S_2 断开(空载)						
S_2 闭合 ($R_L = 5.1$ kHz)						

2)测试开环和闭环状态下的频率特性

①用函数信号发生器输出 $V_i = 5$ mV, $f = 1$ kHz 的正弦波信号,接入电路输入端,断开 S_2 使负载开路。

②将 S_1 断开,测试基本放大电路(开环状态)的频率特性。调节 R_{P1}、R_{P2},当输出信号不失真时测出 V_o,然后升高信号源频率,直到输出电压降至 $0.7 V_o$ 时,记录下此时的信号源频率即为上限截止频率 f_H;用同样的方法,降低信号源频率,直到输出电压降至 $0.7 V_o$ 时,记录下此时的信号源频率即为下限截止频率 f_L。改变信号源频率时,应保持 V_i 不变。

③将 S_1 闭合,测试负反馈放大电路(闭环状态)的频率特性。用测试基本放大电路(开环状态)的频率特性的方法,测出闭环状态下的 V_o,上限截止频率 f_H 和下限截止频率 f_L,并将结果记录在表 4.21 中。

表 4.21　频率特性测试数据记录表

	V_o/V	$0.7V_o$/V	f_H/kHz	f_L/kHz	通频带 $f_{bw} = f_H - f_L$/kHz
开环状态					
闭环状态					

3)负反馈对失真的改善作用

①将图 4.35 所示电路开环,逐步加大 V_i 的幅度,使输出信号出现失真(注意不要过分失真)记录失真波形幅度。

②将电路闭环,观察输出情况,并适当增加 V_i 幅度,使输出幅度接近开环时失真波形幅度。

③画出上述输出信号波形。

(6)Multisim 10 仿真拓展性实验

负反馈对输入输出电阻影响的研究

①在图 4.38 所示负反馈放大器仿真实验电路基础上,删除波特图示仪,分别在电路输入

端与输出端接上数字万用表,如图 4.41 所示,XMM1 和 XMM3 万用表调至交流电流挡,XMM2 和 XMM4 调至交流电压挡。

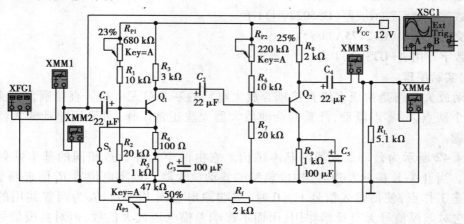

图 4.41　负反馈对输入输出电阻影响仿真电路图

②设置信号频率为 1 kHz,输入信号幅度为 5 mV,调节 R_{P1}、R_{P2},用示波器观察使输出信号幅度较大且不失真,分别读出在 S_1 断开和闭合状态下各万用表的读数并记录在表 4.22 中。

表 4.22　测量输入输出电阻数据记录表

S_1	测量输入电阻			测量输出电阻		
	XMM1 读数 i_i/mA	XMM2 读数 v_i/ mV	输入电阻 R_i/Ω	XMM3 读数 i_o/mA	XMM4 读数 v_o/ mV	输出电阻 R_o/Ω
断开						
闭合						

(7)思考题

①怎样将负反馈放大器改接成基本放大器? 为什么要将 R_f 并接在输入和输出端?

②如输入信号存在失真,能否用负反馈来改善?

③若实验过程中出现自激振荡,应如何排除?

4.6　实验 6　差动放大器

(1)实验目的

①加深对差动放大器性能及特点的理解。

②学习差动放大器主要性能指标的测试方法。

(2)实验仪器和设备

①计算机及电路仿真软件 Multisim 10。

②模拟电路实验箱(SAC-DMS21 型)1 台。

③函数信号发生器(F05A 型)1 台。

④数字存储双踪示波器(DS5022 型)1 台。

⑤交流电压表(DF2175A)1 台。

⑥数字万用表(UT39A)1 台。

（3）实验原理

差动放大电路是构成多级直接耦合放大电路的基本单元电路。直接耦合直流放大电路有一个缺点，即零点漂移，严重时会使放大器无法正常工作，可采用差动放大器来解决这个问题。

图 4.42 所示为差动放大器的基本结构。它由两个元件参数相同的基本共射放大电路组成。当开关 K 拨向左边时，构成典型的差动放大器。调零电位器 R_P 用来调节 Q_1、Q_2 管的静态工作点，使得输入信号 $V_i = 0$ 时，双端输出电压 $V_o = 0$。R_E 为两管共用的发射极电阻，它对差模信号无负反馈作用，因而不影响差模电压放大倍数，但对共模信号有较强的负反馈作用，故可有效地抑制零漂，稳定静态工作点。当开关 K 拨向右边时，构成具有恒流源的差动放大器。其用晶体管恒流源代替发射极电阻 R_E，可以进一步提高差动放大器抑制共模信号的能力。

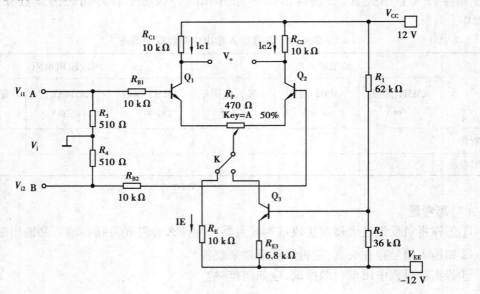

图 4.42 差动放大器实验电路

1）静态工作点的估算

典型电路：

$$I_E \approx \frac{|V_{EE}| - V_{BE}}{R_E}$$

（认为 $V_{B1} = V_{B2} \approx 0$）

$$I_{C1} = I_{C2} = \frac{1}{2} I_E$$

恒流源电路：

$$I_{C3} \approx I_{E3} \approx \dfrac{\dfrac{R_2}{R_1 + R_2}(V_{CC} + |V_{EE}|) - V_{BE}}{R_{E3}}$$

$$I_{C1} = I_{C2} = \dfrac{1}{2}I_{C3}$$

2）差模电压放大倍数和共模电压放大倍数

当差动放大器的射极电阻 R_E 足够大，或采用恒流源电路时，差模电压放大倍数 A_d 由输出端方式决定，而与输入方式无关。$R_E = \infty$，R_P 在中心位置时，则有

双端输出：

$$A_d = \dfrac{\Delta V_o}{\Delta V_i} = -\dfrac{\beta R_C}{R_B + r_{be} + \dfrac{1}{2}(1 + \beta)R_P}$$

单端输出：

$$A_{d1} = \dfrac{\Delta V_{C1}}{\Delta V_i} = \dfrac{1}{2}A_d$$

$$A_{d2} = \dfrac{\Delta V_{C2}}{\Delta V_i} = -\dfrac{1}{2}A_d$$

当输入共模信号时，若为单端输出，则有：

$$A_{C1} = A_{C2} = \dfrac{\Delta V_{C1}}{\Delta V_i} = \dfrac{-\beta R_C}{R_B + r_{be} + (1 + \beta)\left(\dfrac{1}{2}R_P + 2R_E\right)} \approx -\dfrac{R_C}{2R_E}$$

若为双端输出，在理想情况下

$$A_C = \dfrac{\Delta V_o}{\Delta V_i} = 0$$

实际上由于元件不可能完全对称，因此 A_C 也不会绝对等于零。

3）共模抑制比 K_{CMR}

为了表征差动放大器对有用信号（差模信号）的放大作用和对共模信号的抑制能力，通常用一个综合指标来衡量，即共模抑制比：

$$K_{CMR} = \left|\dfrac{A_d}{A_c}\right|$$

或

$$K_{CMR} = 20 \log\left|\dfrac{A_d}{A_c}\right|(dB)$$

差动放大器的输入信号可采用直流信号，也可采用交流信号。本实验由函数信号发生器提供频率 $f = 1 \text{ kHz}$ 的正弦信号作为输入信号。

（4）Multisim 10 **仿真实验预习**

1）测试静态工作点

①根据图 4.43 在 Multisim 10 电子平台上调出所需元器件和虚拟仪器，连接好电路，开关 K 拨向左边构成典型差动放大器。

81

②在晶体管 Q_1、Q_2 各电极放置测量探针,单击仪器工具条下方的"测量探针"下拉菜单,选择" Instantaneous voltage and current ",将探针放置在适宜的位置上,如图 4.43 所示,也可将测量探针换成数字万用表或直流电压表。

③开启仿真开关,记录各测量探针显示的电路静态工作点数据并填入表 4.23 中,并与理论计算值比较。

表 4.23   静态工作点数据记录表

测量探针	V_{C1}/V	V_{B1}/V	V_{E1}/V	V_{C2}/V	V_{B2}/V	V_{E2}/V	V_{RE}/V
理论值							
测量值							

2)测量差模电压放大倍数

删除图 4.43 中所有的测量探针,调出虚拟函数信号发生器和虚拟四综示波器各 1 台,在电子平台上建立如图 4.44 所示的仿真电路。将虚拟函数信号发生器的输出端接放大器输入 A 端,B 端接地,构成单端输入双端输出方式,输入频率 $f = 1$ kHz,幅度约为 30 mV 的正弦信号,用示波器分别观察 V_{iA}、V_{iB}、V_{C1}、V_{C2},示波器 4 个通道的连线用不同的颜色来区分,用虚拟万用表的交流电压挡测量输入信号 V_i 及输出信号 V_{C1}、V_{C2} 值。

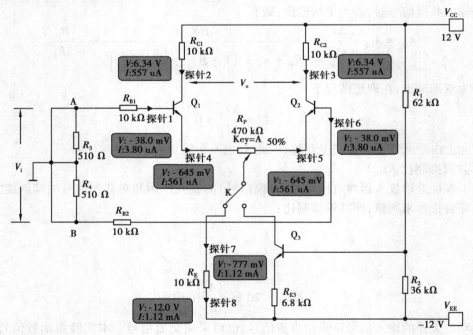

图 4.43   测试差动放大器静态工作点仿真电路

开启仿真开关,双击各虚拟仪器面板,按要求设置参数,万用表和示波器示数以及波形如图 4.45 所示。计算差动放大器的差模电压增益 A_{vd},将测量值和计算值记入表 4.24。

3)测量共模电压放大倍数

将 B 端与地断开,A、B 短接,信号源接 A 端与地之间,构成共模输入方式,输入信号 $f =$

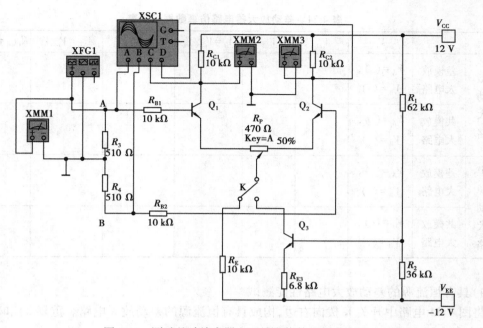

图 4.44　测试差动放大器电压放大倍数的仿真电路

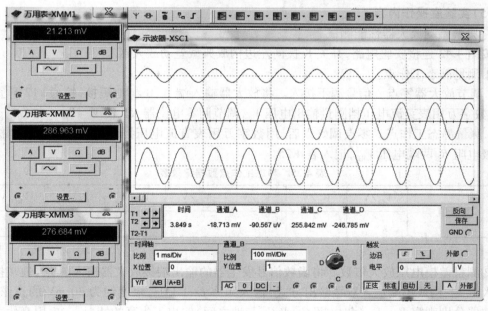

图 4.45　虚拟四踪示波器波形及虚拟万用表示数

1 kHz,幅度约为 30 mV,用四踪示波器分别观察 V_{iA},V_{iB},V_{C1},V_{C2},用虚拟万用表的交流电压挡测 V_i 及 V_{C1},V_{C2}值,计算差动放大器的 A_{vc}、共模抑制比 K_{CMR} 值并记入表 4.24。

表 4.24　差动放大器电路仿真数据记录表

		V_i	V_{c1}	V_{c2}	$A_d = V_{c1}/V_I$	$A_{Vd} = V_o/V_I$	$A_{VC} = V_o/V_i$	$K_{CMR} = A_{Vd}/A_C$
典型差动放大电路	差模放大电路	$V_A = ( )$, $V_B = ( )$						
	共模放大电路	$V_A = ( )$, $V_B = ( )$						
带恒流源差动放大电路	差模放大电路	$V_A = ( )$, $V_B = ( )$						
	共模放大电路	$V_A = ( )$, $V_B = ( )$						

4）具有恒流源的差动放大电路性能测试

将图 4.44 电路中开关 K 拨向右边，构成具有恒流源的差动放大电路。重复 2）和 3）的要求，记入表 4.24。

（5）**实验室操作内容**

1）典型差动放大器性能测试

按图 4.42 连接实验电路，开关 K 拨向左边构成典型差动放大器。

①测量静态工作点。

a.调节放大器零点。信号源不接入。将放大器输入端 A、B 与地短接，接通 ±12 V 直流电源，用数字万用表直流电压挡测量输出电压 V_o，调节调零电位器 R_P，使 $V_o = 0$。

b.测量静态工作点。零点调好以后，用数字万用表直流电压挡测量 Q_1、Q_2 管各电极电位及射极电阻 R_E 两端电压 V_{RE}，记入表 4.25。

表 4.25　静态工作点数据记录表

	V_{C1}/V	V_{B1}/V	V_{E1}/V	V_{C2}/V	V_{B2}/V	V_{E2}/V	V_{RE}/V
测量值							

②测量差模电压放大倍数。将函数信号发生器的输出端接放大器输入 A 端，地端接放大器输入 B 端，构成单端输入双端输出方式，输入频率 $f = 1$ kHz，幅度约为 30 mV 的正弦信号，用示波器分别观察 V_{C1}，V_{C2}（集电极 C_1 或 C_2 与地之间）输出不失真的情况下，再用毫伏表测量输入信号 V_i 及 V_{C1}、V_{C2} 值，计算差动放大器的差模电压增益 A_{vd}，并将测量值和计算值记入表 4.26。

③测量共模电压放大倍数。将 B 端与地断开，A、B 短接，信号源接 A 端与地之间，构成共模输入方式，输入信号 $f = 1$ kHz，幅度约为 30 mV，用毫伏表测量 V_{C1}、V_{C2}，计算差动放大器的 A_{vc}，并计算共模抑制比 K_{CMR} 之值记入表 4.26。

表 4.26　差动放大器放大倍数数据记录表

		V_i	V_{c1}	V_{c2}	$A_d = V_{c1}/V_I$	$A_{vd} = V_o/V_I$	$A_{vc} = V_o/V_i$	$K_{CMR} = A_{Vd}/A_C$
典型差动放大电路	差模放大电路	$V_A = (\ )$，$V_B = (\ )$						
	共模放大电路	$V_A = (\ )$，$V_B = (\ )$						
带恒流源差动放大电路	差模放大电路	$V_A = (\ )$，$V_B = (\ )$						
	共模放大电路	$V_A = (\ )$，$V_B = (\ )$						

2）具有恒流源的差动放大电路性能测试

将图 4.42 所示电路中开关 K 拨向右边，构成具有恒流源的差动放大电路。重复典型差动放大器性能测试内容②和③的要求，并记入表 4.26。

（6）Multisim10 **仿真拓展性实验**

在图 4.44 测试差动放大器电压放大倍数的仿真电路的基础上，用 Multisim 10 进行以下要求的仿真实验：

①将电路改成双端输入，双端输出，测试和计算 $A_{d双}$。

②将电路改成单端输入，双端输出，测试和计算 $A_{d双}$。

③将电路改成单端输入，单端输出，测试和计算 $A_{d单}$。

④将电路改成共模单端输入，单端输出，测试和计算 $A_{c单}$。

（7）**思考题**

①测量静态工作点各数据之前，为什么要使双端输出电压 $V_o = 0$，调零时能否用毫伏表来读出输出电压 V_o 的值？

②设电路参数对称，加到差动放大电路两个三极管基极的输入信号相等、相位相同时，输出电压是多少？

4.7　实验 7 集成运算放大器的基本运算电路

（1）**实验目的**

①了解集成运放的使用方法。

②熟悉集成运放的双电源和单电源供电方法。

③掌握集成运放构成各种运算电路的原理和测试方法。

（2）**实验仪器和设备**

①计算机及电路仿真软件 Multisim 10。

②模拟电路实验箱（SAC-DMS21 型）1 台。

③函数信号发生器（F05A 型）1 台。

④数字存储双踪示波器（DS5022 型）1 台。

⑤交流电压表（DF2175A）1 台。

⑥数字万用表（UT39A）1 台。

（3）实验原理

1）集成运放基本知识

①集成运放简介。集成电路运算放大器（简称集成运放或运放）是一个集成的高增益直接耦合放大器，通过外接反馈网络可构成各种运算放大电路和其他应用电路。任何一个集成运放都有两个输入端，一个输出端以及正、负电源端，有的还有补偿端和调零端等。集成单运放 μA741 的电路符号及引脚图如图 4.46 所示。

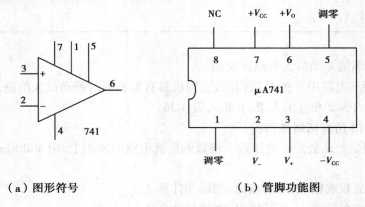

（a）图形符号 （b）管脚功能图

图 4.46 μA741 图形符号和管脚功能图

a.电源端：通常由正、负双电源供电，典型电源电压为 ±15 V、±12 V 等，如 μA741 的 7 脚和 4 脚。

b.输入端：分别为同相输入端和反相输入端。如 μA741 的 3 脚和 2 脚。输入端有两个参数需要注意：最大差模输入电压 $V_{id\,max}$ 和最大共模输入电压 $V_{ic\,max}$。两输入端电位差称为"差模输入电压"V_{id}：

$$V_{id} = V_+ - V_-$$

两输入端电位的平均值，称为"共模输入电压"V_{ic}：

$$V_{ic} = \frac{V_+ + V_-}{2}$$

任何一个集成运放，允许承受的 $V_{id\,max}$ 和 $V_{ic\,max}$ 都有一定限制。两输入端的输入电流 i_+ 和 i_- 很小，通常小于 1 μA，所以集成运放的输入电阻很大。

c.输出端：只有一个输出端。在输出端和地（正、负电源公共端）之间获得输出电压。如 μA741 的 6 脚。最大输出电压受运放所接电源的电压大小限制，一般比电源电压低 1～2 V；输出电压的正负也受电源极性的限制；在允许输出电流条件下，负载变化时输出电压几乎不变。这表明集成运放的输出电阻很小，带负载能力较强。

②理想集成运放的特点。在各种应用电路中，集成运放可能工作在线性区或非线性区。在一般情况下，当集成运放外接负反馈时，工作在线性区；当集成运放处于开环或外接正反馈时，工

作在非线性区。在分析各种应用电路时,往往认为集成运放是理想的,即具有以下的理想参数:输入电阻为无穷大、输出电阻为 0、共模抑制比为无穷大及开环电压放大倍数为无穷大。

理想集成运放工作在线性区时的特点为:$V_+ = V_-$,$i_+ = 0$,$i_- = 0$,分别称为"虚短"和"虚断"。它们是分析理想集成运放线性应用电路的两个基本出发点。当理想运放工作在非线性区时,"虚短"不再成立,但"虚断"仍然成立。此时,当 $V_+ > V_-$ 时,$V_o = +V_{om}$;$V_+ < V_-$ 时,$V_o = -V_{om}$。

③集成运放的单电源供电问题。在集成运放的部分应用电路中,出于某种需要,有时要求单电源供电。双电源供电与单电源供电两者的区别在于:

a.当集成运放采取双电源供电时,输入、输出电压的电位参考点是正、负电源的公共端,如图 4.47(a)所示。如果将负电源端作为电位参考点,则电路成为图 4.47(b),这时的供电形式就变为单电源供电。可见,双电源供电与单电源供电的实质是电位参考点的不同。

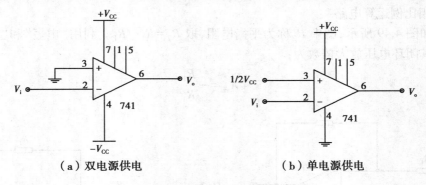

（a）双电源供电　　　　　　　（b）单电源供电

图 4.47　集成运放的两种供电方式

b.由于电位基准发生了变化,因此集成运放的允许工作条件也将相应改变。为了说明方便,假设 ±12 V 双电源供电时集成运放的共模输入电压范围为 −10 ~ 7 V、输出电压范围为 −11 ~ +11 V,则当 24 V 单电源供电时,共模输入电压范围变为 2 ~ 19 V、输出电压范围变为 1 ~ 23 V。鉴于这种情况,需要给集成运放的同相、反相输入端提供合适的直流偏置电压,使输入端的电位进入共模输入电压范围内,从而保证集成运放的正常工作。

为了获得最大的动态范围,通常将同相、反相输入端电位设置为 $1/2V_{CC}$,最简单的方法是通过两个等值电阻分压。单电源供电的反相交流放大电路如图 4.48 所示。

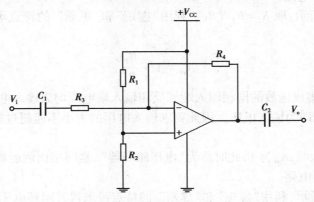

图 4.48　单电源供电的交流放大电路

静态时该电路的输出电压为 $1/2V_{CC}$。当输入交流正弦信号时,电路的交流电压放大倍数的表达式与双电源供电时的表达式相同。

④集成运放的主要参数。集成运放的主要参数有:输入失调电压、输入失调电流、开环差模电压放大倍数、共模抑制比、输入电阻、输出电阻、增益—带宽积、转换速率和最大共模输入电压。其中最重要的是增益—带宽积、转换速率和最大共模输入电压3个参数,在应用集成运放时应特别注意。

⑤集成运放实验注意事项。

a.集成运放接线要正确可靠,确认无误后,方可接通电源。

b.输出端严禁与地、正、负电源短接,以免损坏器件。

c.输入信号不能过大,接入前应对其幅度进行测量,使之不超过规定的极限。

d.电源电压不能过高,极性不能接反。

2)反相比例运算电路

电路如图 4.49 所示,图中 R_2 称为平衡电阻,取 $R_2 = R_1 /\!/ R_F$。利用"虚短"和"虚断"的特点可求得其闭环电压放大倍数为:

$$A_{vf} = -\frac{R_F}{R_1}$$

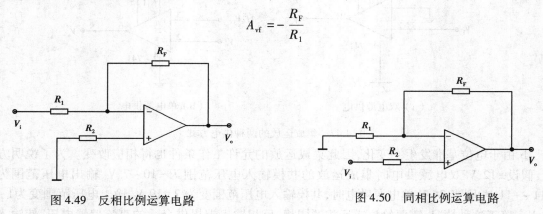

图 4.49　反相比例运算电路　　　　　　图 4.50　同相比例运算电路

在上述电路中,外接电阻最好在 1 k~100 k 范围内选择,电压放大倍数限定在 100 内,以保证电压放大倍数的稳定性。

3)同相比例运算电路

电路如图 4.50 所示,取 $R_2 = R_1 /\!/ R_F$。利用"虚短"和"虚断"的特点可求得其闭环电压放大倍数为:

$$A_{vf} = 1 + \frac{R_F}{R_1}$$

在上述电路中,集成运放的同相输入端和反相输入端电压均为输入电压,故同相比例运算电路的共模输入电压即为输入电压。因此要求输入电压的大小不能超过集成运放的最大共模输入电压范围。

当取 R_1 为无穷大时,A_{vf} 为 1,此时称为"电压跟随器",是同相比例运算电路的特例。

4)反相加法运算电路

电路如图 4.51 所示,利用"虚短"和"虚断"的特点可求得其闭环电压放大倍数为:

$$V_o = -R_F\left(\frac{V_{i1}}{R_1} + \frac{V_{i2}}{R_2}\right)$$

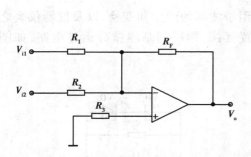

图 4.51　反相加法运算电路

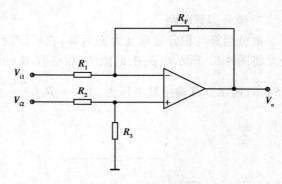

图 4.52　减法运算电路

5）减法运算电路

电路如图 4.52 所示，取 $R_1 = R_2 = R$，$R_3 = R_F$，利用前面电路的结论可求得其输出端电压为：

$$V_o = \frac{R_F}{R}(V_{i2} - V_{i1})$$

此电路的外围元件在选择时有一定的要求，为了减少误差，所用元件必须对称。除了要求电阻值严格匹配外，对运放要求有较高的共模抑制比，否则将会产生较大的运算误差。

6）积分运算电路

积分运算电路如图 4.53（a）所示，其输出端电压为：

$$V_o = -\frac{1}{R_1 C}\int_{t_0}^{t} V_i \mathrm{d}t + V_o(t_0)$$

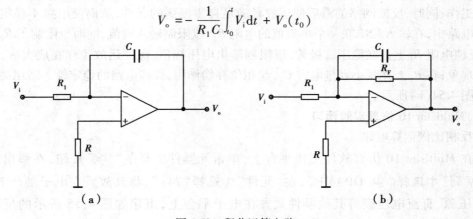

图 4.53　积分运算电路

实用的积分电路还需考虑非理想运放带来的问题，如反相积分器在静态时，运放实际处于开环状态（电容不通直流），运放的失调和漂移可能造成输出饱和而无法再对输入信号积分。因此在实用电路中，往往在电容上并联一个大电阻 R_F，如图 4.53（b）所示，这样可以适当降低运放的开环增益，避免运放饱和。但该电阻不能破坏原来的积分关系，为此容抗应该小于电阻 R_F，即：

$$\frac{1}{\omega C} \ll R_F$$

故被积分信号的频率应满足：

$$f \gg \frac{1}{2\pi R_F C}$$

7)微分运算电路

微分运算与积分运算互为逆运算,它们广泛应用于波形的产生和变换,以及仪器仪表之中。将图4.53所示电路中电阻 R_1 和电容 C 的位置互换,则得到基本微分运算电路,如图4.54(a)所示。其输出端电压为:$V_o = -R_F C \dfrac{\mathrm{d}u_1}{\mathrm{d}t}$。

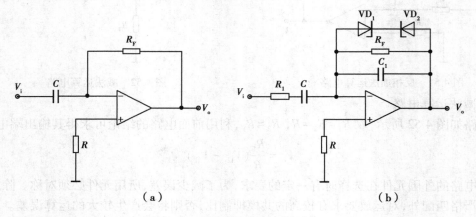

图 4.54　微分运算电路

适用的微分电路需考虑输入电压的阶跃变化及大幅值干扰对运放造成的阻塞,使电路不能正常工作;同时,反馈网络的滞后使运放易满足自激振荡的条件,从而使电路不稳定。因此在实用电路中,在输入端串联一个小阻值的电阻 R_1,以限制输入电流,同时也限制了 R_F 中的电流;在反馈电阻 R_F 上并联稳压二极管,以限制输出电压幅值,保证运放工作在放大区,避免出现阻塞现象;在 R_F 上并联小容量电容 C_1,起相位补偿作用,提高电路的稳定性。适用微分运算电路如图4.54(b)所示。

(4)Multisim 10 仿真实验预习

1)反相比例运算电路

①在 Multisim 10 仿真软件工作平台上,单击元器件工具条" ▷ "按钮,在弹出的对话框的"系列"中选择" ▷ OPAMP",在"元件"中选择"741",将其放置在电子平台上,再将直流电压源、直流电压表等其他器件放置在电子平台上,组建如图4.55所示的反相比例运算仿真电路。

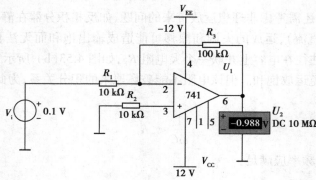

图 4.55　反相比例运算仿真电路

②开启仿真开关,自拟表格,任意设置输入电压,观察输入电压与输出电压的关系。实验中必须使 $|V_i|$ <1 V,使电路工作在线性区,则运算关系为

$$V_o = -\frac{R_3}{R_1}V_i$$

③将图 4.55 中直流电压源替换为频率为 1 kHz、幅度为 0.1 V 的正弦波交流电压源,调出虚拟双踪示波器,分别连接在电路的输入、输出端,如图 4.56 所示,开启仿真开关,双击虚拟示波器图标,放大面板上的输入、输出波形如图 4.57 所示。改变交流信号源的幅度和频率,观察并描绘电路输入、输出波形。

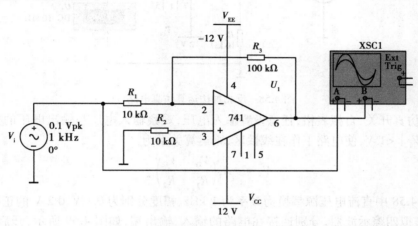

图 4.56 反相比例运算电路放大交流信号仿真电路图

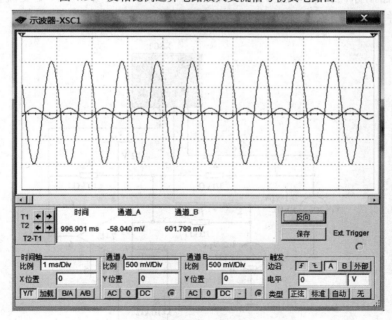

图 4.57 反相比例运算电路输入输出波形

2)反相加法运算电路

①在 Multisim 10 仿真软件工作平台上,调出运算放大器"741"、直流电压源、直流电压表

等器件放置在电子平台上,组建如图4.58所示的反相加法运算仿真电路。

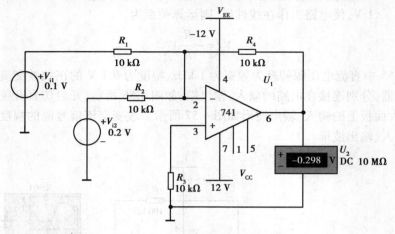

图4.58   反相加法运算仿真电路

②开启仿真开关,自拟表格,任意设置输入电压,观察输入电压与输出电压的关系。实验中必须使 $|V_i| < 1$ V,使电路工作在线性区,则运算关系为

$$V_o = -R_F\left(\frac{V_{i1}}{R_1} + \frac{V_{i2}}{R_2}\right)$$

③将图4.58中直流电压源替换为频率为1 kHz、幅度分别为0.1 V、0.2 V的正弦波交流电压源,调出虚拟四踪示波器,分别连接在电路的输入、输出端,如图4.59所示,开启仿真开关,双击虚拟示波器图标,放大面板上的输入、输出波形如图4.60所示。改变交流信号源的幅度和频率,观察并描绘电路输入、输出波形。

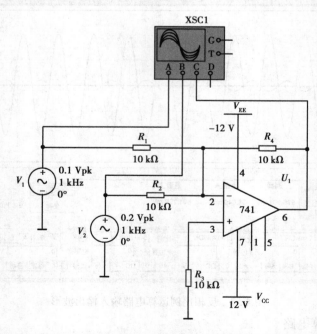

图4.59   反相加法运算电路放大交流信号仿真电路图

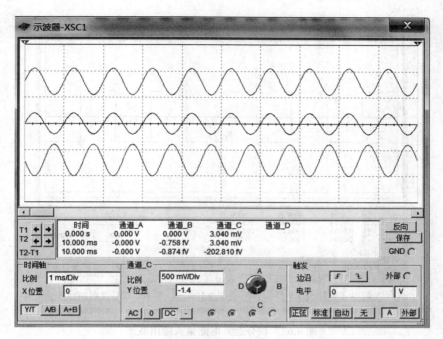

图 4.60　反相加法运算电路输入输出波形

3）积分运算电路

①在 Multisim 10 仿真软件工作平台上，调出运算放大器"741"、函数信号发生器、双踪示波器等器件放置在电子平台上，组建如图 4.61 所示的积分运算仿真电路。

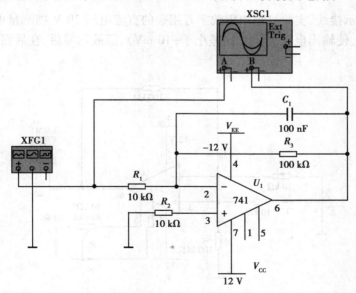

图 4.61　积分运算仿真电路

②双击函数信号发生器图标，打开其面板，设置输出波形为方波，频率为 1 kHz、幅度为 1 V。开启仿真开关，观察输入信号与输出信号的波形，仿真结果如图 4.62 所示。

③将函数信号发生器的输出波形分别改为正弦波和三角波，分别观察输入、输出波形。由

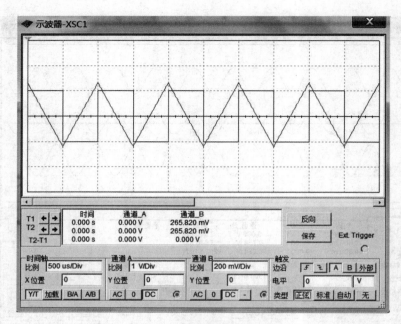

图 4.62　积分运算电路输入输出波形

仿真结果可知:积分电路有波形变换和移相的作用,当输入是方波时,输出为三角波;当输入是正弦波时,输出是余弦波;当输入是三角波时,输出近似于正弦波。

（5）**实验室操作内容**

1）调零

按图 4.63 所示接线,实验过程中用数字万用表的直流电压 20 V 挡测量电压。通电后,调节调零电位器 R_P,使输出电压 $V_o=0$(误差小于±10 mV),运放调零后,在后面的实验中都不用调零了。

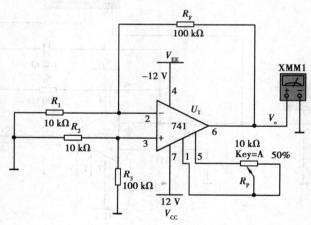

图 4.63　集成运放调零接线电路

2）反相比例运算电路

①反相比例运算电路测试电路如图 4.64 所示。根据图连接实验电路,检查无误后接通电源。

②用实验箱直流信号源作输入信号,先用数字万用表测量输入电压 V_i 的值,然后用导线

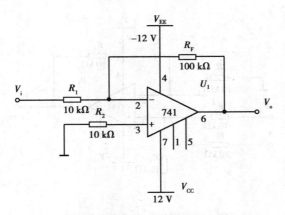

图 4.64　反相比例运算实验电路图

将 V_i 连接到电路中,再用数字万用表测量输出电压值,并将测量数值填入表 4.27 中。

③实验中必须使 $|V_i| < 1$ V,使电路工作在线性区,则该电路的运算关系为

$$V_o = -\frac{R_F}{R_1}V_i = -10V_i$$

表 4.27　比例运算电路数据记录表

直流输入电压		反相比例运算电路				同相比例运算电路			
V_i/V		−0.3	−0.7	0.4	0.8	−0.3	−0.7	0.4	0.8
输出 电压 V_o/V	理论值								
	测量值								
	误差/%								

3)同相比例运算电路

①同相比例运算电路测试电路如图 4.65 所示,根据图连接实验电路,检查无误后接通电源。

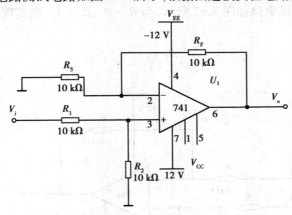

图 4.65　同相比例运算实验电路

②测量方法同反相比例运算电路,将测量数据记入表 4.27 中。

4)同相加法运算电路

①同相加法运算电路的多个输入信号是作用于集成运放的同相输入端,与反相加法运算电路相反,其测试电路如图 4.66 所示。根据图连接实验电路,检查无误后接通电源。

95

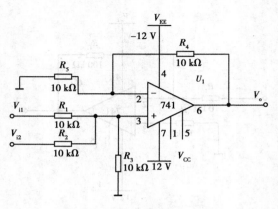

图 4.66　同相加法运算实验电路

②用实验箱中的两路直流信号源作输入信号,用数字万用表分别测量输入电压 V_{i1}、V_{i2} 的值,然后用导线将 V_{i1}、V_{i2} 连接到电路中,再用数字万用表测量输出电压值,并将测量数值填入表 4.28 中。

表 4.28　同相加法运算电路数据记录表

输入电压	V_{i1}	-0.6	-0.4	-0.2	+0.1	+0.3	+0.7
V_i/V	V_{i2}	-0.3	-0.1	+0.2	+0.4	+0.5	-0.2
输出电压	理论值						
V_o/V	测量值						
	误差/%						

5)减法运算电路

①减法运算电路测试电路如图 4.67 所示,当 $R_1 = R_2$,$R_3 = R_F$,则实现对输入差模信号的比例运算,关系式如下:

$$V_o = \frac{R_F}{R}(V_{i2} - V_{i1})$$

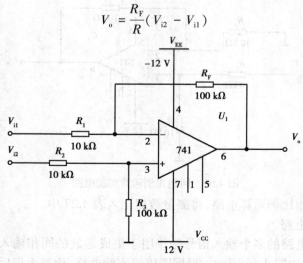

图 4.67　减法运算实验电路

②根据图 4.67 所示连接实验电路,检查无误后接通电源。用实验箱中的两路直流信号源作输入信号,用数字万用表分别测量输入电压 V_{i1}、V_{i2} 的值,然后用导线将 V_{i1}、V_{i2} 连接到电路中,再用数字万用表测量输出电压值,并将测量数值填入表 4.29 中。

表 4.29　减法运算电路数据记录表

输入电压 V_i/V	V_{i1}	−0.6	−0.4	−0.2	+0.1	+0.3	+0.7
	V_{i2}	−0.3	−0.1	+0.2	+0.4	+0.5	−0.2
输出电压 V_o/V	理论值						
	测量值						
	误差/%						

6) 积分运算电路

①积分运算电路测试电路如图 4.68 所示,根据电路图连接实验电路。

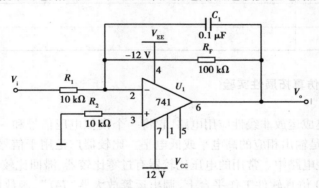

图 4.68　积分运算实验电路

②V_i 分别输入 300 Hz,幅值为 $2V_{P-P}$ 的方波、正弦波、三角波,观察 V_i 和 V_o 的大小及相位关系,并记录波形,填入表 4.30 中。

表 4.30　积分运算数据记录表

输入信号 V_i	输　出　波　形	V_o/V
正弦波		
方波		
三角波		

7) 微分运算电路

①微分运算电路测试电路如图 4.69 所示,根据电路图连接实验电路。

②V_i 分别输入 300 Hz,幅值为 $2V_{P-P}$ 的方波、正弦波、三角波,观察 V_i 和 V_o 的大小及相位关系,并记录波形,填入表 4.31 中。

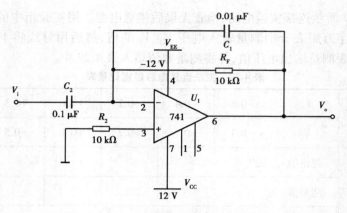

图 4.69　微分运算实验电路

表 4.31　微分运算数据记录表

输入信号 V_i	输 出 波 形	V_o/V
正弦波		
方波		
三角波		

(6) Multisim 10 仿真拓展性实验

1) 过零比较器

电压比较器是集成运放非线性应用电路,它将一个模拟电压信号和一个参考电压进行大小比较,比较的结果是输出相应的高电平或低电平。比较器广泛用于信号处理、测量、自动控制系统以及波形发生电路中。常用的电压比较器有过零比较器、滞回比较器、窗口比较器等。

①在 Multisim 10 仿真软件工作平台上,调出运算放大器"741"、函数信号发生器、双踪示波器等器件放置在电子平台上,组建如图 4.70 所示的反相输入过零比较器仿真电路。

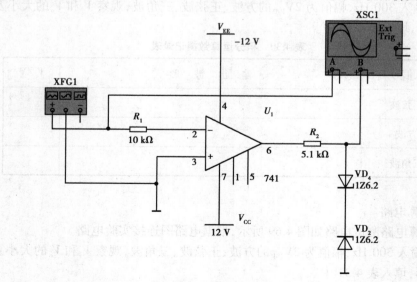

图 4.70　过零比较器仿真电路

②将函数信号发生器设置成幅值为 1 V,频率为 500 Hz 的正弦波,开启仿真开关,双击示波器图标,观察并描绘放大面板上过零比较器输入、输出波形,测量输出信号电压的幅值。

③自行设计同相输入过零比较器仿真电路,同样输入幅值为 1 V,频率为 500 Hz 的正弦波,开启仿真开关,观察并描绘放大面板上过零比较器输入、输出波形,测量输出信号电压的幅值。

2)滞回比较器

在过零比较器中加入正反馈即构成滞回比较器,滞回比较器有两个数值不同的阈值,当输入信号因受干扰或某种原因发生变化时,只要其变化量不超过两阈值之差,比较器的输出电压将保持稳定状态,因此相比简单的过零比较器具有较强的抗干扰性能。

①在 Multisim 10 仿真软件工作平台上,调出运算放大器"741"、函数信号发生器、双踪示波器等器件放置在电子平台上,组建如图 4.71 所示的反相输入滞回比较器仿真电路。

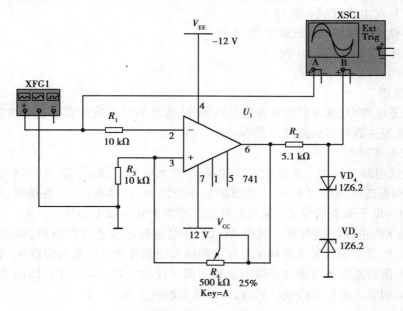

图 4.71　反相输入滞回比较器仿真电路

②将函数信号发生器设置成幅值为 1 V,频率为 500 Hz 的正弦波,开启仿真开关,双击示波器图标,观察并描绘放大面板上过零比较器输入、输出仿真波形,测量输出信号电压的幅值。

③自行设计同相输入过零比较器仿真电路,同样输入幅值为 1 V,频率为 500 Hz 的正弦波,开启仿真开关,观察并描绘放大面板上过零比较器输入、输出波形,测量输出信号电压的幅值。

(7)**思考题**

①为什么要对运放组成的电路进行调零? 如何进行调零?

②在同相加法运算电路实验中,输入直流电压 $V_{i1} = 1.4$ V,$V_{i2} = 1.8$ V 可不可以,为什么?

③如图 4.68 的积分运算电路中,积分电容 C_1 两端跨接的电阻 R_F 有什么作用?

4.8　实验 8　波形发生电路

（1）实验目的

①掌握波形发生电路的特点和分析方法。

②熟练使用 Multisim 10 进行波形发生电路的实验仿真。

③学习波形发生电路的设计及调试方法。

（2）实验仪器和设备

①计算机及电路仿真软件 Multisim 10。

②模拟电路实验箱（SAC-DMS21 型）1 台。

③函数信号发生器（F05A 型）1 台。

④数字存储双踪示波器（DS5022 型）1 台。

⑤交流电压表（DF2175A）1 台。

⑥数字万用表（UT39A）1 台。

（3）实验原理

在模拟电子电路中,常常需要各种波形的信号,常见的波形发生器有正弦波发生器、方波发生器、三角波发生器和锯齿波发生器等。

1）正弦波振荡器

正弦波振荡电路又称为正弦波发生器,由基本放大电路、反馈网络、选频网络和稳幅网络4 部分构成。根据选频网络的不同,正弦波振荡器分为 RC 振荡器和 LC 振荡器,RC 振荡器常用于产生 1 MHz 以下低频信号,LC 振荡器常用于产生 1 MHz 以上的信号。

图 4.72 是 RC 正弦波振荡器。其中 RC 串、并联电路构成正反馈网络,同时兼作选频网络。R_3、R_4、R_5、R_P 及二极管等元件构成负反馈网络和稳幅环节。调节电位器 R_P 可改变负反馈深度,以满足振荡的振幅条件和改善波形。利用两个反向并联二极管 D_1、D_2 的非线性特性来稳幅,R_3 是为了削弱二极管非线性的影响,以改善波形的失真。

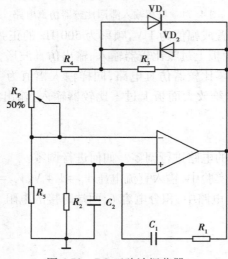

图 4.72　RC 正弦波振荡器

电路的振荡频率为：

$$f_o = \frac{1}{2\pi RC}$$

式中　$R_1 = R_2 = R, C_1 = C_2 = C$。

起振的幅值条件为：$\dfrac{R_F}{R_5} \geqslant 2$

式中　$R_F = R_P + R_4 + (R_3 /\!/ r_D)$；$r_D$——二极管正向导通电阻，为达到最佳效果，通常使 $R_3 \approx r_D$，R_3 取 $2 \sim 5$ kΩ 即可。

调整负反馈电阻中的 R_P，使电路起振，且波形失真最小。如不能起振，说明负反馈太强，应加大 R_P；如波形失真严重，应减小 R_P。改变选频网络中的 C 和 R 的参数，即可调节振荡频率，通常采用改变电容作频段切换，调节 R 作量程的频率细调。

2）矩形波发生器

矩形波发生器是其他非正弦波发生器的基础，如方波信号通过积分电路可获得三角波信号，若改变积分电路的时间常数，则可获得锯齿波。

矩形波电压有两种状态：高电平和低电平，矩形波发生器需要高、低电平自动相互转换，因此电路中必须有电压比较器和反馈电路；因为输出信号是周期性变化，电路中还要有延迟环节来确定每种状态维持的时间。图 4.73 所示为矩形波发生电路，由反相输入的滞回比较器和 RC 电路组成。RC 电路既作为延迟环节，又作为反馈网络，通过 RC 充放电实现输出状态的自动转换。

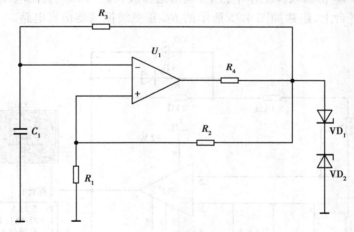

图 4.73　矩形波发生器

电路的振荡频率为：$f = \dfrac{1}{2R_3 C \ln\left(1 + \dfrac{2R_1}{R_2}\right)}$

调整电压比较器的 R_1 和 R_2 可改变 u_C 的幅值，调整 R_1、R_2、R_3 和 C_1 的数值改变电路的振荡频率，更换稳压管可以改变输出电压 V_o。

3）三角波发生器

方波经过积分之后变成三角波，所以三角波发生器可以用一个矩形波发生器和一个积分电路来构成，如图 4.74 所示。U_1 与 R_1、R_2、R_4 和限幅稳压管组成了过零电压比较器，用来产生

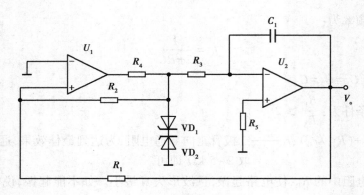

图 4.74　三角波发生器

方波, U_2 及 C_1、R_3、R_5 组成了积分器。

电路的振荡频率为: $f = \dfrac{R_2}{4R_1R_3C}$

调节电路中 R_1、R_2、R_3 的阻值和 C_1 的容量, 可改变振荡频率, 调节 R_1 和 R_2 的阻值, 可改变三角波的幅值。

（4）Multisim 10 仿真实验预习

1）RC 正弦波振荡器

①在 Multisim 10 仿真软件工作平台上, 调出运算放大器"741"、直流电压源、电阻、电容等器件放置在电子平台上, 组建如图 4.75 所示的 RC 正弦波振荡器仿真电路。

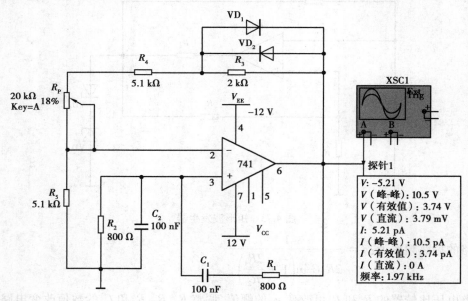

图 4.75　RC 正弦波振荡器仿真电路

②将虚拟示波器接在 RC 正弦波振荡器输出端, 以观察输出波形, 并调取一个测量探针放置在输出端, 以观察输出频率和输出电压, 也可使用示波器的标尺来测量波形的周期和峰-峰值。

③开启仿真开关, 打开虚拟示波器放大面板, 可以观察到, 经过一段时间后, 振荡器的输出波形由小到大逐渐建立起来。稳定后的波形如图 4.76 所示, 从图中可以看出, 正弦波的周期

约为 500 μs，与理论计算值 $T = 2\pi RC = 502.4$ μs 相符。

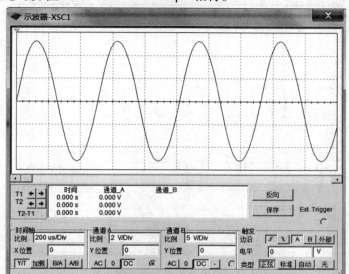

图 4.76　示波器的仿真结果

2）矩形波发生器

①在 Multisim 10 仿真软件工作平台上，调出运算放大器"741"、直流电压源、电阻、电容、稳压二极管等器件放置在电子平台上，组建如图 4.77 所示的矩形波发生器仿真电路。

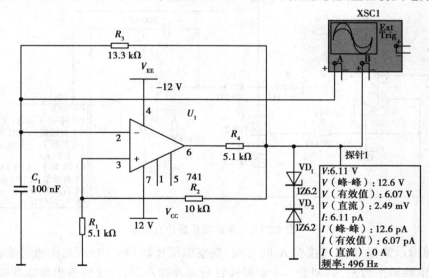

图 4.77　矩形波发生器仿真电路

②将虚拟示波器 A 通道接在电容 C_1 上，B 通道接在电路输出端，以观察输出波形，并调取一个测量探针放置在输出端，以观察输出频率和输出电压。

③开启仿真开关，打开虚拟示波器放大面板，仿真波形如图 4.78 所示，观察并记录波形。

3）三角器发生器

①在 Multisim 10 仿真软件工作平台上，调出运算放大器"741"、直流电压源、电阻、电容、

103

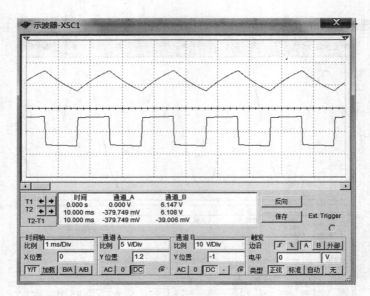

图4.78　电容充放电波形和输出波形

稳压二极管等器件放置在电子平台上,组建如图4.79所示的三角波发生器仿真电路。

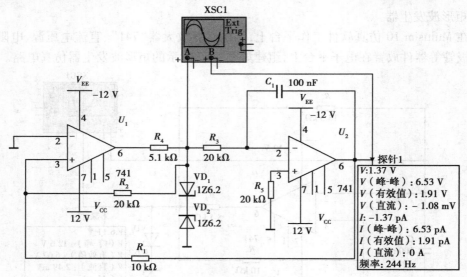

图4.79　三角波发生器仿真电路

②将虚拟示波器 A 通道接在 R_4 的右端,观察电压比较器输出波形;B 通道接在电路输出端,以观察电路输出波形,并调取一个测量探针放置在输出端,以观察输出频率和输出电压。

③开启仿真开关,打开虚拟示波器放大面板,仿真波形如图4.80所示,观察并记录波形。

（5）**实验室操作内容**

1）RC 正弦波振荡器

①按图4.81所示连接实验电路,检查无误后,接通电源。

②用示波器观察输出端有无正弦波输出,若无输出,调节电位器 R_P,使波形从无到有,从正弦波到出现失真。用数字万用表测量临界起振、正弦波输出及失真情况下的 R_P 值,分析负

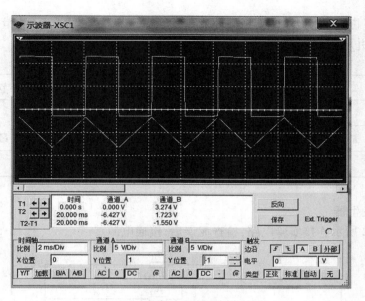

图 4.80　三角波发生器仿真波形

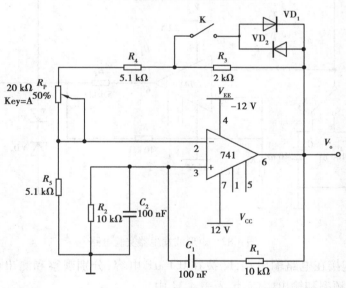

图 4.81　RC 正弦波振荡器实验电路

反馈强弱对起振条件及输出波形的影响,并将数据填入表 4.32 中。

表 4.32　起振条件测试数据记录表

测量条件	临界起振 (刚有波形出现时)	正弦波输出 (波形正常时)	失真情况 (正弦波失真时)
R_P/Ω			
$R_F = R_P + R_4 + R_3$			

③在开关 K 断开和闭合(即无稳幅环节和有稳幅环节)两种情况下,测量输出波形在不失真时的 V_o 和 f_o,并填入表 4.33 中。

表 4.33   稳幅环节作用实验数据记录表

测试条件	无稳幅环节				有稳幅环节			
测试项目	V_o/V		f_o/kHz		V_o/V		f_o/kHz	
	最大	最小	最高	最低	最大	最小	最高	最低
测量值								

2)矩形波发生器

①按图 4.82 所示连接实验电路,检查无误后,接通电源。

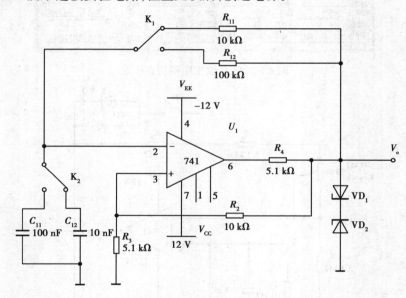

图 4.82   矩形波发生器实验电路

②将示波器连接在电路输出端,K_2 拨在 0.1 μF 电容,分别观察和测出 $R_{11} = 10\ \text{k}\Omega$,$R_{12} = 100\ \text{k}\Omega$ 时的波形、频率和输出幅值,填入表 4.34 中。

③将 K_2 拨在 0.01 μF 电容,分别观察和测出 $R_{11} = 10\ \text{k}\Omega$,$R_{12} = 100\ \text{k}\Omega$ 时的波形、频率和输出幅值,填入表 4.34 中。

表 4.34   矩形波发生器实验数据记录表

测试条件	$C_{11} = 0.1\ \mu\text{F}$				$C_{12} = 0.01\ \mu\text{F}$			
测试项目	$R_{11} = 10\ \text{k}\Omega$		$R_{12} = 100\ \text{k}\Omega$		$R_{11} = 10\ \text{k}\Omega$		$R_{12} = 100\ \text{k}\Omega$	
	V_o	f_o	V_o	f_o	V_o	f_o	V_o	f_o
测量值								

（6）Multisim 10 **仿真拓展性实验**

1）振荡频率连续可调的 RC 正弦波振荡器

在实际应用中，需要振荡频率连续可调，因此常在 RC 串并联网络中，用双层波段开关来连接不同的电容，作为振荡频率的粗调；用同轴电位器阻值的连续变化来实现振荡频率的细调。本仿真实验用两个单刀双掷开关代替双层波段开关，用两个电位器分别调至相同的比例位置来代替同轴电位器，如图 4.83 所示。振荡频率可在一百多赫兹至几十千赫兹范围内连续可调。

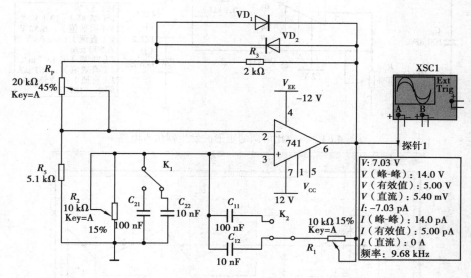

图 4.83　振荡频率连续可调的 RC 正弦波振荡器仿真电路

①在 Multisim 10 仿真软件工作平台上，调出运算放大器"741"、单刀双掷开关、电位器、双踪示波器、测量探针等器件放置在电子平台上，组建如图 4.83 所示的振荡频率连续可调的 RC 正弦波振荡器仿真电路。

②将 K_1、K_2 分别打在 C_{11}、C_{21} 上，分别拖动 R_1 和 R_2 的滑动条，将其调在相同的比例位置上，用示波器监测波形有无失真，自拟表格，记录该波段最高、最低频率和电压有效值。

③K_1、K_2 分别打在 C_{12}、C_{22} 上，用上述方法观察记录该波段最高、最低频率和电压有效值。

2）占空比可调的矩形波发生器

前面所述的矩形波发生器由于电容正向充电和反向充电的时间常数均为 RC，充电的总幅值也相等，V_0 为对称的方波，因此该电路也称为方波发生器，方波的占空比为 1/2。若想改变占空比，须使电容正向和反向充电时间常数不同，利用二极管的单向导电性可以引导电流流经不同的通路，通过改变电位器阻值来同时改变正向充电时间常数和反向充电时间常数，从而改变占空比，但周期不变，如图 4.84 所示。

①在 Multisim 10 仿真软件工作平台上，调出运算放大器"741"、二极管、电位器、双踪示波器、测量探针等器件放置在电子平台上，组建如图 4.84 所示的占空比可调的矩形波发生器仿真电路。

②调整 R_P 的大小，用双踪示波器的 A 通道观察 V_c 波形，B 通道观察 V_0 波形，其 A、B 通道波形如图 4.85 所示。自拟表格，记录矩形波信号的频率、幅值及占空比，并描绘其波形。

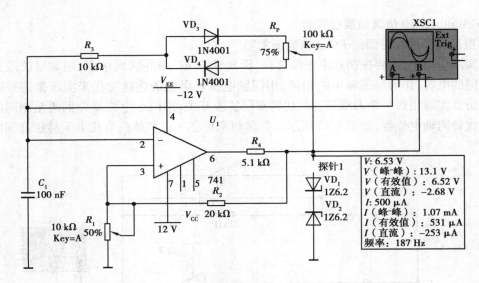

图 4.84　占空比可调的矩形波发生器仿真电路

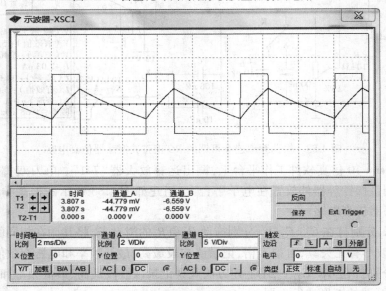

图 4.85　占空比可调的矩形波发生器波形图

③ R_P 调在任意一个位置不动,分别将 R_1 调在不同的两个位置,观察波形的变化,测量并记录信号的频率、幅值和占空比。

（7）思考题

① 在图 4.81 所示的 RC 正弦波振荡实验电路中,若电路不能起振,应调节哪个参数? 如何调节? 若输出波形失真,应调节哪个参数? 如何调节?

② 在图 4.77 所示的矩形波发生器仿真电路中,怎样改变输出信号的频率和幅度?

4.9　实验 9　功率放大电路

（1）实验目的

①熟悉 OCL 功率放大电路分立元件和集成电路的工作原理和特点。

②熟悉 OCL 和 OTL 功放电路产生交越失真的原因和克服的方法。

③熟练使用 Multisim 10 软件进行功率放大器的实验仿真。

④掌握功率放大器的主要性能指标及测量调试方法。

（2）实验仪器和设备

①计算机及电路仿真软件 Multisim 10。

②模拟电路实验箱（SAC-DMS21 型）1 台。

③函数信号发生器（F05A 型）1 台。

④数字存储双踪示波器（DS5022 型）1 台。

⑤交流电压表（DF2175A）1 台。

⑥数字万用表（UT39A）1 台。

（3）实验原理

功率放大电路通常作为放大电路的输出级，是向负载提供足够功率的放大电路。

1）主要技术指标

①最大输出功率 P_{om}。

a.输出功率:功率放大电路提供给负载的信号功率称为输出功率。在输入为正弦波且输出基本不失真条件下,输出功率是交流功率,$P_o=I_o U_o$,I_o 和 U_o 均为交流有效值。

b.最大输出功率 P_{om}:在电路参数确定的情况下负载上可能获得的最大交流功率。

②转换效率 η。

a.转换效率:功率放大电路的最大输出功率与电源所提供的功率之比称为转换效率。

b.电源直流功率:电源提供的功率,其值等于电源输出电流平均值及其电压之积。通常功放输出功率大,电源消耗的直流功率也多,在一定的输出功率下,减小直流电源的功耗可以提高电路的效率。

③晶体管的极限参数:晶体管集电极最大电流 I_{CM},最大管压降 $U_{(BR)CEO}$,最大耗散功率 P_{CM}。在选择功放管时,要特别注意极限参数的选择,以保证管子安全工作。

2）无输出电容的功率放大电路（OCL 电路）

目前广泛使用的电路有无输出变压器的功率放大器（OTL 电路）和无输出电容的功率放大电路（OCL 电路）,图 4.86 所示为 OCL 功放电路原理图。Q_1、Q_2 工作在射极输出状态,输出电阻低,带负载能力强。Q_1、Q_2 分别在输入信号的正、负半周到来时驱动负载,在其基极回路中,从 V_{CC} 到 V_{EE} 之间接入一个由电阻和二极管构成的支路,使两只三极管处于微导通状态,从而消除交越失真,此电路工作于甲乙类状态。

3）集成功率放大器

当前,利用集成电路工艺已经能够生产出品种繁多的集成功率放大器。集成功放除了具备体积小、成本低、使用方便可靠等特点外,还具有一些突出的优点,主要有温度稳定性好,电

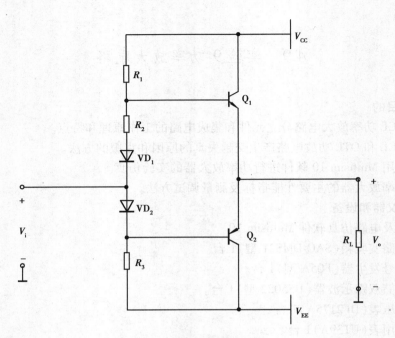

图 4.86　OCL 电路原理图

源利用率高,功耗较低,非线性失真较小等,还可以将许多有关附属电路(如各种保护电路)也集成在芯片内部,使用更加安全。

集成功放的种类繁多,从输出功率来分,分为小功率功放(输出功率在 1 瓦以下)和大功率功放(输出功率可高达几十瓦);从芯片内部的构成来分,可分为单通道功放和双通道功放;从用途来分,可分为通用型功放和专用型功放(如专用于收音机、录音机或电视机等的功率放大电路)。

本实验所用芯片为 TDA2030,TDA2030 是德律风根生产的音频功放电路,采用 V 型 5 脚单列直插式塑料封装结构。该集成电路广泛应用于汽车立体声收录音机、中功率音响设备,具有体积小、输出功率大、谐波失真小和交越失真小等特点。

(4)Multisim 10 仿真实验预习

①在 Multisim 10 仿真软件工作平台上,调出运算放大器"741"、三极管、二极管、交流电压源、直流电源、电阻、电容等器件放置在电子平台上,组建如图 4.87 所示的 OCL 功放仿真电路。

②交流信号源产生 500 mV/1 kHz 的正弦波信号,将虚拟示波器接在 OCL 功放电路输出端,以观察输出波形,并调取两个测量探针分别放置在输入端和输出端,以观察输入和输出的电压和电流。

③当开关 K 闭合时,电路为乙类功率放大电路,开启仿真开关,示波器的波形如图 4.88 所示,在输出信号的正、负半周交接处产生了严重的交越失真,这是由于三极管没有直流偏置而产生的。

④将开关 K 断开时,电路为甲乙类功率放大电路,重新启动仿真开关,此时示波器的波形如图 4.89 所示,由于电路中添加了 VD_1、VD_2、VD_3 组成的偏置电路,输出波形不再出现交越失真。

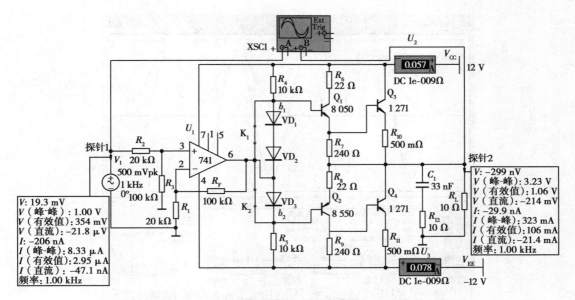

图 4.87　OCL 功放仿真电路图

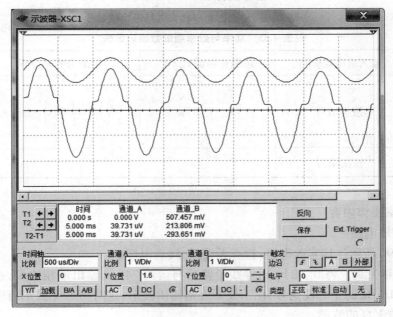

图 4.88　乙类功率放大电路输出波形

⑤测量最大不失真输出功率和效率。

a.如图 4.87 所示,在正、负电源间各串联一个直流电流表,开关 K_1 和 K_2 处于断开状态。开启仿真开关,记录下直流电流表的电流读数,计算电源消耗的功率。

b.交流信号源产生一个 500 mV/1 kHz 的正弦波信号,用示波器观察输出端波形,逐渐增大输入信号幅值,直到示波器显示的输出波形处于临界失真时,记录此时的最大不失真输出电压 V_o,计算最大输出功率 P_{om}。

c.计算效率。将数据记入表 4.35 中。

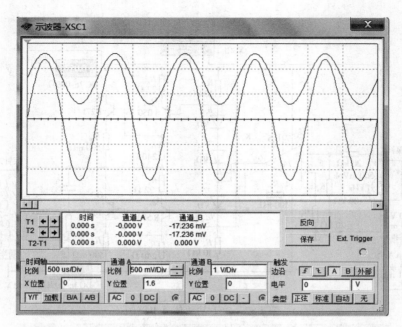

图 4.89　甲乙类功率放大电路输出波形

表 4.35　功率与效率测试数据记录表

测量项目	输入电压峰值/V	电源总功耗 P_V/W	输出功率 P_{om}/W	效率/%
计算公式	按实填写	$(I_{C1}+I_{C2})V_{CC}$	$\left(\dfrac{V_{omax+}+V_{omax-}}{2}\right)^2/2R_L$	P_{om}/P_V
计算结果	按实填写			

（5）实验室操作内容

1）OCL 功放电路

①按图 4.90 所示连接实验电路,检查无误后,接通电源。

②观察交越失真。将 b_1 和 b_2 用导线短路后与运放 741 的输出端相连接,在电路输入端输入 100 mV/1 kHz 的正弦波信号,用示波器观察输出波形,这时可看见波形有明显的交越失真,描绘出交越失真的波形。

③将短路的导线拔出,恢复二极管连通,输入端仍输入 100 mV/1 kHz 的正弦波信号,用示波器观察并描绘输出波形。

④参照仿真实验预习内容,测量最大不失真输出电压和电源输出的平均电流,利用公式求出甲乙类功放的最大不失真功率 P_{om} 和电源消耗的功率 P_V,并计算效率,自拟表格记录数据。

⑤实验中要随时注意管子是否发烫,如果三极管发烫应立即断电并查找发烫的原因。

2）集成功率放大电路

①按图 4.91 所示接线。

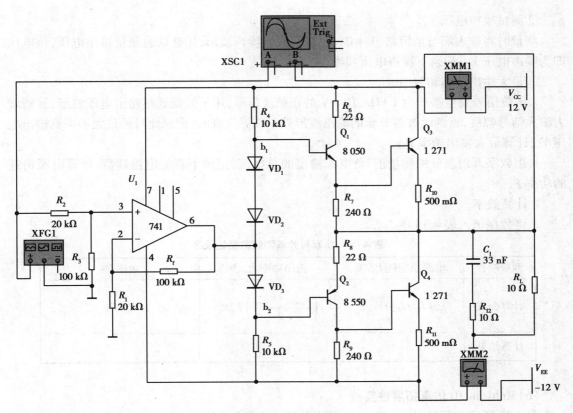

图 4.90　OCL 功放实验电路

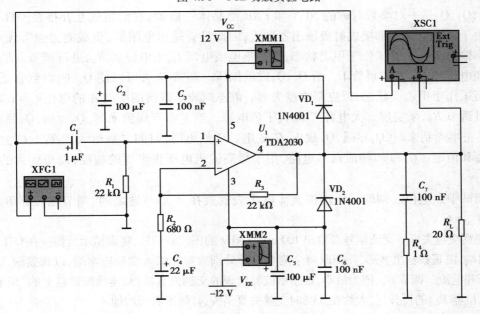

图 4.91　集成功率放大电路

②测试噪声电压 V_N。

测量时将输入端与地短路($V_i = 0$),示波器观察噪声波形,用毫伏表测量输出电压,该电压即为噪声电压 V_N,记录下噪声电压和噪声波形。

③最大输出功率和效率。

a.函数信号发生器产生 1 kHz、10 mV 的正弦波信号,用示波器观察输出电压波形,逐渐增大输入信号幅度,直到示波器显示的输出波形处于临界失真时,记录此时的最大不失真输出电压 V_o,计算最大输出功率 P_{om}。

b.用数字万用表分别测量正、负电源输出的总电流,记录下直流电流读数,计算电源消耗的功率 P_V。

c.计算效率。

d.将数据填入表 4.36 中。

表 4.36　功率与效率测试数据记录表

测量项目	电源总功耗 P_V/W	输出功率 P_{om}/W	效率/%
计算公式	$(I_{C1} + I_{C2})V_{CC}$	$\left(\dfrac{V_{omax+} + V_{omax-}}{2}\right)^2 / 2R_L$	P_{om}/P_V
计算结果			

（6）Multisim 10 仿真拓展性实验

图 4.92 所示为互补对称(OTL)功率放大器。其中由晶体三极管 Q_1 组成推动级(也称前置放大级),Q_2、Q_3 是一对参数对称的 NPN 和 PNP 型晶体三极管,它们组成互补推挽 OTL 功放电路。由于每一个管子都接成射极输出器形式,因此具有输出电阻低,负载能力强等优点,适合作功率输出级。Q_1 管工作于甲类状态,它的集电极电流 I_{C1} 由电位器 R_{W1} 进行调节。I_{C1} 的一部分流经电位器 R_{W2} 及二极管 D_1,给 Q_2、Q_3 提供偏压。调节 R_{W2},可以使 Q_2、Q_3 得到合适的静态电流而工作于甲乙类状态,以克服交越失真。静态时要求输出端中点 A 的电位 $V_A = 1/2 V_{CC}$,可以通过调节 R_{W1} 来实现。大电容 C_3 取代了负电源。当 V_i 负半周到来时,Q_2 导通,Q_3 截止,C_3 充电。V_i 正半周到来时,Q_3 导通,Q_2 截止,C_3 放电。C_3 放电时,时间常数远大于 $T/2$,C_3 上电压基本维持和恒定。C_4 和 R_5 构成自举电路,用于提高输出电压正半周的幅度,以得到大的动态范围。

①调试中点电位。调取一个虚拟直流电压表放置在 A 点与地之间,调节电位器 R_{W1},使 $V_A = 1/2 V_{CC} = 6$ V。

②观察交越失真。交流信号源输出 100 mV/1 kHz 的正弦波信号,将虚拟示波器接在 OTL 功放电路输出端,以观察输出波形,并调取两个测量探针分别放置在输入端和输出端,以观察输入和输出的电压和电流。调节 R_{W2} 值为最小,观察示波器出现的交越失真波形,连续按键盘上的"B"键,逐渐增大电位器 R_{W2} 的百分比,大约在 33% 时交越失真消失,且幅度有所增加。

③最大不失真调节。逐渐加大输入信号幅度,反复调节 R_{W1} 和 R_{W2},使放大获得最大不失真输出。

④测量最大不失真输出功率和效率。方法同前,这里不再赘述。

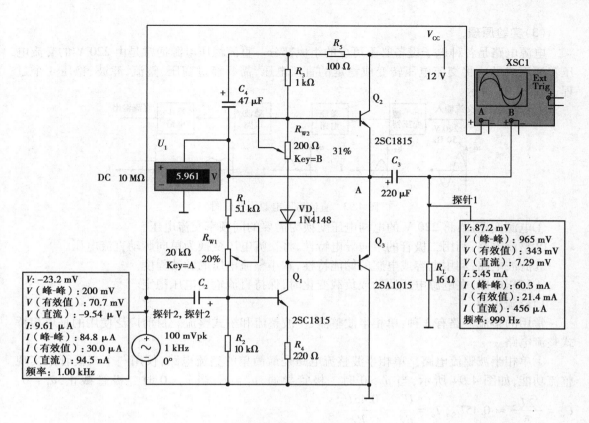

图 4.92 OTL 功放仿真电路

（7）**思考题**

①如何区分功率放大器的甲类、乙类、甲乙类 3 种工作状态，各有什么特点？

②简述交越失真产生的原因及消除的方法。

③由实验方法测得的电路效率与理论上的电路效率有什么差别？

4.10 实验 10 整流滤波及稳压电路

（1）**实验目的**

①熟悉单相半波、全波、桥式整流电路的特点。

②了解稳压电路的组成及工作原理。

③熟悉三端集成稳压器的使用。

④熟练使用 Multisim 10 软件进行整流、滤波、稳压电路的实验仿真。

（2）**实验仪器和设备**

①计算机及电路仿真软件 Multisim 10。

②模拟电路实验箱（SAC-DMS21 型）1 台。

③数字存储双踪示波器（DS5022 型）1 台。

④数字万用表（UT39A）1 台。

（3）实验原理

电源电路是各种电子设备必不可少的组成部分。直流稳压电源通常是由 220 V 的交流电压转变而成的。将交流电压转变成稳定的直流电压,需要经过变压、整流、滤波、稳压 4 个过程,如图 4.93 所示。

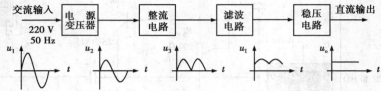

图 4.93　直流稳压电源原理框图

①电源变压器:将 220 V 的电网电压变换为需要的同频率交流电压。

②整流电路:利用二极管的单向导电特性,将交流电压变换为单向脉动直流电压。

③滤波电路:利用电容或电感的储能特性,减小整流电压的脉动程度。

④稳压电路:在电源电压波动或负载变化时,保持直流输出电压稳定。

1）整流电路

常用的整流电路有 3 种:单相半波整流、全波整流和桥式整流。目前广泛使用的是单相桥式整流电路。

①单相半波整流电路。单相半波整流电路是最简单的整流电路,仅用一个二极管来实现整流功能,如图 4.94 所示,当 $u_2 > 0$ 时二极管导通,$u_L = u_2$;当 $u_2 < 0$ 时二极管截止,$u_L = 0$,$U_o = \dfrac{\sqrt{2}U_2}{\pi} \approx 0.45U_2$,$I_o = \dfrac{U_o}{R_L} \approx \dfrac{0.45U_2}{R_L}$。

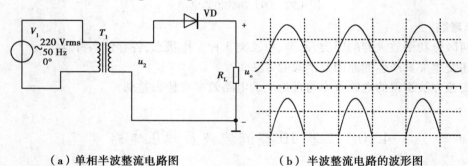

（a）单相半波整流电路图　　　　（b）半波整流电路的波形图

图 4.94　单相半波整流电路

②单相全波整流电路。从变压器副边中心抽头,感应出两个相等的电压 u_2,如图 4.95 所示。当 u_2 正半周时,VD$_1$ 导通,VD$_2$ 截止。当 u_2 负半周时,VD$_2$ 导通,VD$_1$ 截止。$U_o = \dfrac{2\sqrt{2}U_2}{\pi} \approx 0.9U_2$,$I_o = U_o/R_L \approx 0.9U_2/R_L$。

③单相桥式整流电路。单相桥式整流电路由 4 只二极管组成,如图 4.96 所示。u_2 正半周时,VD$_1$、VD$_3$ 导通,VD$_2$、VD$_4$ 截止;u_2 负半周时,VD$_2$、VD$_4$ 导通,VD$_1$、VD$_3$ 截止。$U_o = \dfrac{2\sqrt{2}U_2}{\pi} \approx 0.9U_2$,$I_o = \dfrac{U_o}{R_L} \approx \dfrac{0.9U_2}{R_L}$。

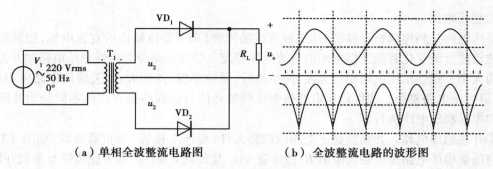

（a）单相全波整流电路图　　　　（b）全波整流电路的波形图

图 4.95　单相全波整流电路

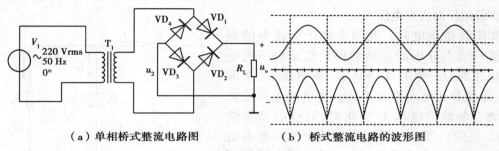

（a）单相桥式整流电路图　　　　（b）桥式整流电路的波形图

图 4.96　单相桥式整流电路

2）滤波电路

①电容滤波。电容滤波电路是最常见也是最简单的滤波电路，如图 4.97 所示，就是在负载两端并联一个电容，利用电容器充放电时，端电压不能跃变的特性进行滤波。电容滤波电路适用于输出电压较高，负载电流较小的场合。

②电感滤波。电感滤波电路是在负载上串联一个电感线圈，如图 4.98 所示，当通过电感线圈的电流发生变化时，线圈中自感电动势阻碍电流的变化，使负载电流和负载电压的脉动减小。电感滤波电路输出比较平坦，适用于低电压大电流的场合，缺点是电路复杂、电感铁芯体积大。

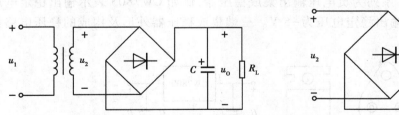

图 4.97　桥式整流电容滤波电路

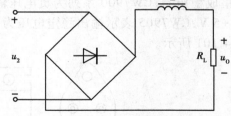

图 4.98　桥式整流电感滤波电路

③复式滤波。单独使用电容或电感滤波效果不理想时，可采用复式滤波电路，有 LC 滤波电路、$LC\pi$ 型滤波电路、$RC\pi$ 型滤波电路几种类型，π 型滤波电路如图 4.99 所示。

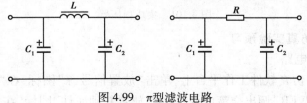

图 4.99　π 型滤波电路

3)稳压电路

稳压电路是利用调整元件(稳压二极管或晶体管)调节整流输出的直流电压,使其在电网电压波动或负载变化时能使得输出的直流电压稳定。稳压电路分为线性稳压电路和开关稳压电路两大类。线性稳压电路制作方便、简单易行,但效率低、体积大;开关稳压电路体积小、效率高,但控制电路复杂。线性稳压电路按电压调整元件与负载连接方式的不同分为并联稳压电路和串联稳压电路两种。

①并联稳压电路。并联型稳压电路的调整元件(稳压二极管)与负载并联,如图 4.100 所示。稳压管稳压电路是由限流电阻 R、稳压管 VD_Z 及负载 R_L 组成,其中稳压管与负载并联,限流电阻串联在电路中。其稳压原理是利用了稳压管的反向击穿特性。稳压管的输出电压,即为稳压管的反向击穿电压 U_z。

②串联稳压电路。利用串联于电路中的调整管进行动态分压而使负载得到稳定电压的电路。稳压部分一般有 4 个环节:调整环节、基准电压、比较放大器和取样电路。当电网电压或负载变动引起输出电压 U_o 变化时,取样电路将输出电压 U_o 的一部分反馈回比较放大器和基准电压进行比较,产生的误差电压经放大后去控制调整管的基极电流,自动地改变调整管集-射极间的电压,补偿 U_o 的变化,从而维持输出电压基本不变。

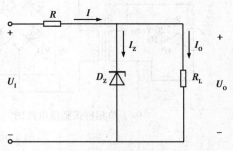

图 4.100　并联型稳压电路

③集成稳压电路。目前广泛应用的是集成稳压电路,集成稳压电路是将串联稳压电路集成在一块硅片上,具有通用性强、精度高、成本低、体积小、质量小、安装调试方便等优点。集成稳压器的种类很多,最普遍的是三端稳压器,仅有输入端、输出端和公共端 3 个接线端子。主要有两个系列:CW7800 系列和 CW7900 系列,CW7800 系列为正电压输出集成稳压器,CW7900 系列为负电压输出集成稳压器,例如 CW7805 表示输出稳定电压为 +5 V,CW7905 表示输出稳定电压为 −5 V。三端集成稳压器外形及构成的稳压电路如图 4.101 所示。

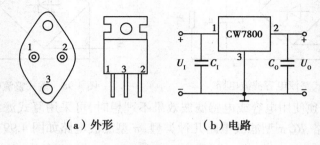

（a）外形　　　　　　　　（b）电路

图 4.101　集成稳压器

(4)Multisim 10 **仿真实验预习**

1)单相桥式整流电路

①在 Multisim 10 仿真软件工作平台上,单击"放置信号源"图标,在"POWER_SOURCES"系列中选取"AC_ POWER"调出交流电源;单击"放置基础元件"图标,在"TRANSFORMER"系

列中选取"TS_POWER_10_TO_1"调出电源变压器;单击"二极管"图标,在"FWB"系列中选取
"MDA2500"桥式整流器,以及其他器件放置在电子平台上,组建如图 4.102(a)所示的单相桥
式整流电路。

②设置交流电源频率为 50 Hz,交流电压为 220 V,将虚拟双踪示波器分别接至副边绕组
两端和负载两端。

③开启仿真开关,打开示波器面板,观察单相桥式整流电路的输入输出波形,仿真波形如
图 4.102(b)所示。

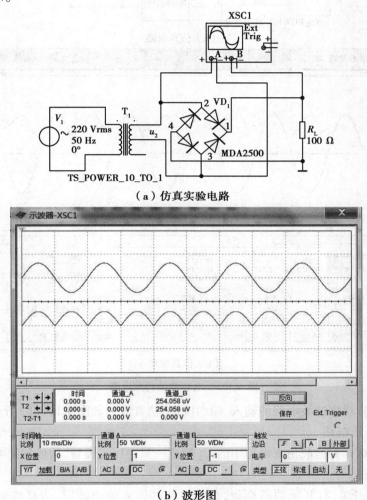

（a）仿真实验电路

（b）波形图

图 4.102　单相桥式整流仿真电路

2)滤波电路

①在如图 4.102 所示单相桥式整流电路的基础上,在负载上并联一个滤波电容,构成电容
滤波电路,如图 4.103(a)所示。

②开启仿真开关,打开示波器面板,观察电容滤波电路的输入输出波形,仿真波形如
图 4.103(b)所示。

③在图 4.102 电容滤波电路基础上增加一个电阻和一个电容,构成如图 4.104(a)所示的

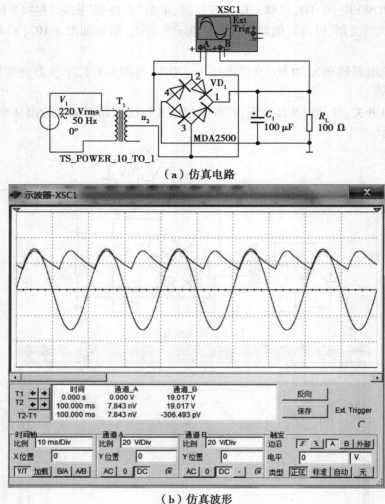

（a）仿真电路

（b）仿真波形

图 4.103　电容滤波仿真电路

$RC\pi$ 型滤波电路,观察滤波电路的输入、输出波形,仿真波形如图 4.104(b)所示。

3）并联型稳压电路

①将 4.104$RC\pi$ 型滤波仿真电路中的 C_2 换成一只稳压二极管,构成如图 4.105(a)所示的并联型稳压电路。

②开启仿真开关,打开示波器面板,观察电路的输入输出波形,仿真波形如图 4.105(b)所示。

4）集成稳压电路

①图 4.104(a)所示的 $RC\pi$ 型滤波仿真电路基础上,删除电阻 R 和电容 C_2,单击元件工具条上"🔲"图标,选择"VOLTAGE_REGULAT"系列,调出"LM7812CT"元件放置在桥式整流电路与负载之间,再分别调取 $0.1\ \mu F$ 电容、$2\ k\Omega$ 电位器、单刀双掷开关、直流电压表各一只,组建如图 4.106 所示的输出电压可调的集成稳压电路。

②开关 K 打在右边,使三端稳压器的公共端接地,开启仿真开关,观察三端稳压器输入输

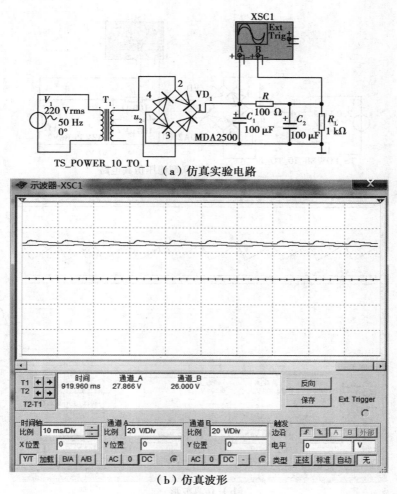

（a）仿真实验电路

（b）仿真波形

图 4.104　$RC\pi$ 型滤波电路

出波形,记录下电压表读数。

　　③将开关 K 打在左边,使三端稳压器的公共端接入滑动变阻器 R_P,开启仿真开关,观察三端稳压器输入输出波形,记录下电压表读数,与步骤②时的电压值作比较,思考电压相差的原因。

　　（5）实验室操作内容

　　1）整流滤波

　　①单相半波和桥式整流电路。

　　a.分别按图 4.107 和图 4.108 所示接线。

　　b.在输入端接入变压后的交流 14 V 电压,将电流表串接在电路中,调节 W_2,使输出电流 I_o 为 40 mA,用万用表测输出电压 V_o,同时用示波器的直流耦合方式观察输出波形,将测量结果填入表 4.37 中。

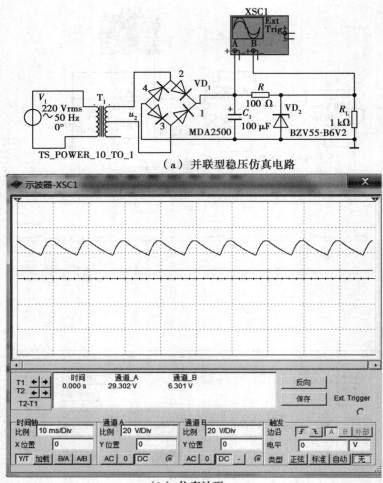

（a）并联型稳压仿真电路

（b）仿真波形

图 4.105　并联型稳压电路

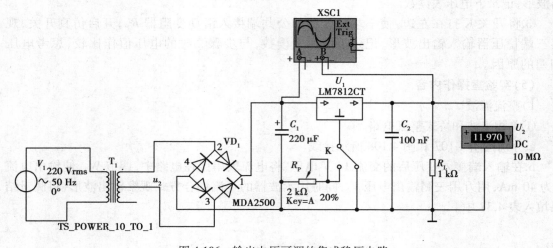

图 4.106　输出电压可调的集成稳压电路

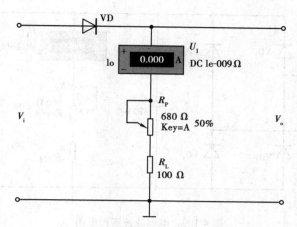

图 4.107　单相半波整流实验电路

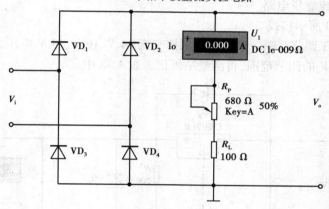

图 4.108　单相桥式整流实验电路

表 4.37　**整流滤波电路实验数据记录表**

类　　型	V_i/V	V_o/V		I_o/mA		V_o 波形	
		无 C	有 C	无 C	有 C	无 C	有 C
半波整流							
桥式整流							

②电容滤波。在上述实验的基础上,在整流电路后面加电容 C 滤波,按如图 4.109 所示接线,测量有滤波电容 C 的输出电压 V_o 及输出电流 I_o,同时用示波器的直流耦合方式观察输出波形,并与前面无滤波电容 C 时的测量结果作比较。

123

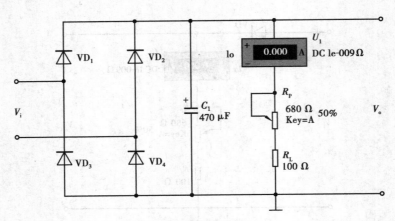

图 4.109 电容滤波实验电路

2)可调三端集成稳压电路

①按如图 4.110 所示接线。

②测量输出电压调节范围。输入端分别接交流 14 V、16 V、18 V 电压,调节 R_P,用数字万用表测出输出电压 V_o 的调节范围,将测量结果记入表 4.38 中。

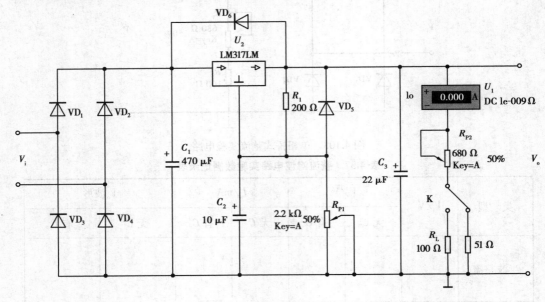

图 4.110 可调三端集成稳压实验电路

表 4.38 输出电压调节范围实验数据记录表

V_i/V	$R_L = 100\ \Omega$		$R_L = 51\ \Omega$	
	V_o(最大值)	V_o(最小值)	V_o(最大值)	V_o(最小值)
14 V				
16 V				
18 V				

③负载改变对输出电压和电流的影响。输入端接交流 14 V 电压,负载电阻 $R_L = 100\ \Omega$,调节 R_{P1}、R_{P2},使输出电压 $V_o = 10$ V,$I_o = 100$ mA,将负载电阻切换至 $R_L = 51\ \Omega$,测出此时的输出电压 V_o 和输出电流 I_o,将结果记入表 4.39 中。

表 4.39　负载电阻对输出电压和电流的影响实验数据记录表

V_i/V	$R_L = 100\ \Omega$		$R_L = 51\ \Omega$	
14 V	$V_o = 10$ V	$I_o = 100$ mA	$V_o = ($　　$)$ V	$I_o = ($　　$)$ mA

④输入电压对输出电压的影响。输入端分别接交流 14 V、18 V 电压,用数字万用表测量实际电压值并填入对应电压的括号中,负载电阻 $R_L = 100\ \Omega$,调节 R_{P1}、R_{P2},使 $I_o = 100$ mA,测出输出电压 V_o 的值,计算电压调整率,将数据填入表 4.40 中。

表 4.40　输入电压对输出电压的影响实验数据记录表

V_i/V	14 V(实测　　V)	18 V(实测　　V)
V_o/V		
稳压系数 S_r	$S_r = (\Delta V_o/V_o)\ /\ (\Delta V_i/V_i) =$	

(6)Multisim 10 仿真拓展性实验

常用的分立元件串联稳压电路主要由调整环节、比较放大器、基准电压、取样电路 4 部分构成。在 Multisim 10 仿真软件工作平台上组建如图 4.111 所示的串联可调型稳压电源仿真电路。

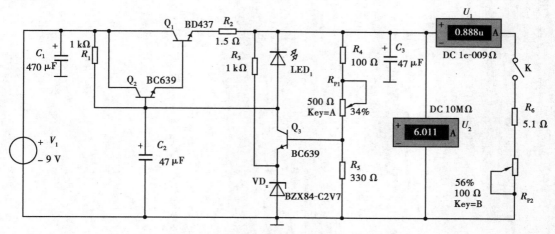

图 4.111　串联可调型稳压电源仿真电路图

Q_1 和 Q_2 组成复合调整管,利用集射之间的电压 V_{CE} 受基极电流控制,与负载串联,用于调整输出电压,$V_o = V_I - V_{CE}$。R_4、R_{P1}、R_5 组成取样电路,将输出电压 V_o 的一部分送入比较放大管 Q_3 的基极,与 Q_3 发射极的基准电压 V_{DZ} 作比较,产生的差值经 Q_3 放大后去控制调整管的基极电流,从而使调整管的 V_{CE} 发生变化,达到稳压的作用。

1)测量电路的输出电压范围

①开关 K 断开,使电路处于空载状态。

②开启仿真开关,调整电位器 R_{P1},使其百分比分别为 0 和 100%,记下电压表 U_2 对应的值,即为稳压电源的输出电压范围。

2)计算稳压系数

①调整 R_{P1} 的百分比,使电压表 U_2 的读数约为 6 V。

②关闭仿真开关,双击 9 V 直流电压源图标,将输入电压 V_1 改成 10 V,模拟电网电压上升约 10%。

③开启仿真开关,记录此时电压表 U_2 的值,计算 ΔV_o,并根据公式 $S_r = (\Delta V_o / V_o) / (\Delta V_i / V_i)$ 计算稳压系数。

3)计算电源内阻

①仍使 $V_1 = 9$ V,V_o 约为 6 V。开关 K 闭合,负载接入电路中。

②开启仿真开关,调节电位器 R_{P2} 的百分比,使电流表 U_1 的读数为 100 mA 时,记下电压表 U_2 的值;继续调节电位器 R_{P2} 的百分比,使电流表 U_1 的读数为 60 mA 时,再次记下此时电压表 U_2 的值,根据公式 $R_o = -\Delta V_o / \Delta V_i$ 计算稳压电源的内阻。

4)观察过载保护

①继续调节 R_{P2} 的百分比,使电流表 U_1 显示的值逐渐增大,观察发光二极管 LED_1 开始闪亮时,电流表 U_1 和电压表 U_2 的读数。

②分析发光二极管 LED_1 和电阻 R_2 的作用。

(7)思考题

①比较单相半波整流和单相桥式整流的特点。

②比较稳压二极管和三端稳压器的稳压作用。

第**5**章
模拟电子技术基础课程设计

模拟电子技术基础是一门实践性很强的课程,在学生能力培养中占有非常重要的地位,是整个本科生人才培养体系中不可或缺的部分,也是培养高素质拔尖创新型人才的关键环节。而课程设计教学的目的是巩固、加强和深化所学理论知识,培养学生的基本实验技能、电路的设计与综合应用能力以及利用先进技术进行电路设计和仿真的能力,通过分析和解决实验中出现的问题,提高学生的工程实践能力,培养学生良好的素质和创新能力及科学严谨的作风,为后继专业课程的学习奠定基础。

本章主要介绍模拟电子技术课程设计基础知识和设计方法。

5.1　模拟电子技术课程设计的一般方法和步骤

模拟电子技术课程设计的主要内容包括理论设计、仿真、安装、调试及写出设计报告等。其中理论设计又包括总体方案设计、单元电路设计、选择元器件及计算参数等步骤,是课程设计的关键环节。安装与调试是将理论付诸实践的过程,通过安装与调试,进一步完善电路,使之达到课程设计所要求的性能指标,使理论设计转变为实际产品。设计报告,是将理论设计的内容、仿真、组装调试的过程及性能指标的测试结果进行全面总结,将实践内容上升到理论的高度。

模拟电子技术课程设计的一般步骤是:学生根据任务书给定的设计要求及元器件清单,综合应用所学理论知识,查阅、收集相关资料,制订满足要求的设计方案,设计单元电路,进行软件仿真,然后到实验室进行方案验证,修改并完善设计方案,确定最优的设计电路,最后进行焊接、安装调试及指标测试,并完成设计报告。

5.1.1　确定设计方案

课程设计任务书通常给出的是系统的功能要求和重要技术性能指标要求,需要对这些要求进行具体分析,明确系统应完成的任务。然后通过查阅资料,收集一些与课题相关的电路方案作参考,制订符合要求的设计方案。符合要求的方案可能有很多种,设计时一定要认真阅读题目给定的条件和任务要求,查阅相关资料,从多个方案中选择一个功能最全、运行可靠、简单经济、技术先进的最佳方案。然后设计出一个整体原理框图。框图应能反映系统所完成的任务以及各组成部分的功能,能清楚表示系统的基本组成和相互之间的关系。

5.1.2　设计单元电路

复杂的电子系统,一般由若干单元电路组成。根据设计要求和已确定的设计方案原理框图,确定各个单元电路的设计要求,详细拟订出单元电路的性能指标。注意各单元电路之间的相互配合和前后级之间的关系,尽量简化电路结构。注意各部分输入信号、输出信号和控制信号的关系。选择单元电路的组成形式,可以模仿成熟的、先进的电路,也可以进行创新或改进,但都必须保证性能要求。

5.1.3　计算电路参数

在确定电路的基本形式后,为了保证单元电路达到功能指标要求,需要对参数进行计算。如放大电路的电阻阻值、放大倍数;振荡电路中的电阻、电容、振荡频率等参数。运用所学理论知识,利用近似计算公式,计算出各个元器件参数。鉴于模拟电路的特殊性,理论数据和实际数据存在一定的误差,因此工程实践中的很多数据需要估算,即要求学生善于分析计算结果,并进行必要的处理。一般情况应满足以下设计要求:

①元器件的工作电流、电压、频率和功耗等参数应能满足电路指标的要求。

②元器件的极限参数必须留有足够裕量,一般应大于额定值的 1.5 倍。

③电阻器和电容器的参数应选计算值附近的标称值。

5.1.4　选择元器件

电路设计过程实际上就是选择合适的元器件,用最佳的电路形式把元器件组合起来的过程。选择元器件应从"需要什么"和"有什么"两个方面来考虑。"需要什么"是指根据设计方案需要什么样的元器件,该元器件应具有哪些功能和性能指标。"有什么"是指手上有哪些元器件,哪些能在市场上买得到,其性能特点怎么样。在保证电路性能的前提下,尽量选用常见的、通用性好的、价格相对低的、手头有的或容易买到的器件。在电子电路设计中,通常是优先选用集成电路,但是有些功能相当简单的电路,只要一只三极管或二极管就能解决的问题,就没有必要选择集成电路了。

选择元器件一般应注意下述几点。

①阻容元件的选择。电阻和电容是两种应用较广的分立元件,种类繁多,设计时要根据电路的要求选择性能和参数合适的电阻、电容。要注意电阻器的允许误差范围和功率,电容器的容量、频率和耐压值是否满足要求。

②晶体三极管的选择。晶体三极管是应用较广的分立元件,对电路的性能指标影响很大。选择晶体三极管时,首先要满足电路要求的功能;其次是选择合适的类型。比如是 NPN 型还是 PNP 型管;是高频管还是低频管;是大功率管还是小功率管。再根据电路要求选择管子的参数以满足电路设计指标的要求。

③模拟集成电路的选择。常用的模拟集成电路主要有运算放大器、电压比较器、模拟乘法器、集成稳压器等。选择模拟集成电路不仅要考虑其功能和特性是否能实现设计方案,而且要考虑功耗、电压、速度、价格等多方面因素。模拟集成电路的品种很多,选用方法一般是"先粗

后细"，即先根据总体方案考虑应该选用什么功能的集成电路，然后考虑具体性能，最后根据价格等因素选用某种型号的集成电路。

5.1.5　绘制电路图

目前应用广泛的绘图软件有 Multisim、Protel 和 OrCAD/STD。本教材用的是 Multisim 10。绘制电路图时应注意下述内容。

①布局合理、排列均匀、图面清晰、便于看图、有利于对图的理解和阅读。一个总电路图有时由几部分组成，绘制时应尽量将总电路图画在一张纸上。如果电路比较复杂，需绘制几张图，则应将主电路图画在一张图纸上，而把一些比较独立或次要的部分画在另外的图纸上，并在图的断口两端做上标记，标出信号从一张图到另一张图的引出点和引入点，以此说明各图纸在电路连线之间的关系。

②注意信号的流向。一般从输入端或信号源画起，从左到右或从上到下按信号的流向依次画出各单元电路，而反馈通路的信号流向则与此相反。

③图形符号要标准，图中应加适当的标注。电路图中的中、大规模集成电路器件，一般用方框表示，在方框中标出其型号，在方框的边线两侧标出每根线的功能名称和管脚号。除中、大规模器件外，其余元器件符号应当标准化。

④连接线应为直线，并且交叉和折弯应最少。通常连接线可以水平布置或垂直布置，一般不画斜线。互相连通的交叉线，应在交叉处用圆点表示。

5.1.6　电路仿真

利用 Multisim 仿真软件对所设计的电路进行仿真测试，验证电路是否达到设计要求的性能指标，并根据仿真结果调整电路中元器件参数，使所设计的电路性能达到最佳。电路仿真可减少设计错误，提高设计效率。

5.1.7　测试验证

最终的设计方案提交老师审查后，领取所需元器件，按照设计的电路焊接安装电路，再进行调试、测试，使实际电路的性能指标达到设计要求。在调试过程中，要仔细观察各种现象并认真做好记录，确保实验数据的完整性、可靠性。

5.2　模拟电子电路安装与调试

模拟电子电路的安装与调试是课程设计中非常重要的环节。即使是一个理论设计十分合理的电子电路，但由于电路安装与调试不当，也将会严重影响电路的性能，甚至使电路无法正常工作。安装要根据原理图或装配图进行，模拟电子电路安装通常采用焊接和在面包板上插接的方法。调试是在电路安装完成后，为达到电路设计指标而反复进行的测量—判断—调整—再测量过程。

5.2.1 模拟电子电路的安装

电子电路的安装包括元器件的布局和布线。

（1）元器件的布局

要使电子电路获得最佳性能，元器件安装布局非常重要。在元器件布局时，不但要考虑电气性能上的合理性，还要注意整齐美观，并符合以下原则。

①电路板的形状一般为矩形。为了便于信号的流通，通常按照电路的流程来安排各个功能电路单元的位置，并使信号尽可能保持一致的方向。以每个功能电路的核心元件为中心，围绕它来进行布局，充分利用电路板的使用面积，并尽量减少相互间的连线。

②元器件的布置要便于调试、测量和更换。在安装电路图中相邻元器件时，原则上应就近安置，同级的元器件应安装在一起。输入级不能靠近输出级，以免引起寄生耦合，使干扰和噪声增大，甚至产生寄生振荡。

③大功率或其他需要散热的器件应尽可能地安置在靠近电路板的边缘以便于散热，必要时加装散热器。晶体管、热敏器件等对温度敏感的元器件要尽量远离发热元器件，以保证电路稳定工作。位于电路板边缘的元器件，离电路板边缘一般不小于 2 mm。

④为了便于检查，元器件的标志（如型号和参数）在安装时应统一向外，安装方向应横平竖直。安装集成电路时首先要认清引脚排列的方向，所有集成电路的标志方向应保持一致，插入时注意引脚不要弯曲、折断。

（2）布线

电子电路的布线不但关系着电路板的外观，而且还在很大程度上影响着电子电路的性能。因此布线需要注意以下几点。

①根据功能选用不同颜色的导线。一般电源线选用红色导线，地线选用黑色导线，信号线选用其他颜色，这样既美观又便于检查。

②根据电路原理图或装配图逐级布线，按照先输入级最后输出级的顺序依次布线，避免错线和漏线的发生。一般先布置电源线和地线，再布置信号线，电源线不要紧靠元器件引脚。

③布线要做到横平竖直，走线尽可能短，信号线不要形成闭合回路，减小分布参数对电路的影响。导线应贴近电路板，不要悬空。导线之间应避免交叉重叠，不要跨接在元器件上面。

④地线（公共端）是所有信号共同的通路，一般选用较粗的导线。高频信号中的输入级与输出级不能共用同一条地线；多级放大器中的各级接地元件应采用同一点接地；去耦电容的接地，应远离输入级的接地点。

（3）焊接

手工焊接是电子技术课程设计中一项基本操作技能，焊接的质量直接影响电路的安装质量性能。只有经过长时间的练习，才能掌握焊接技术的要领和技巧。

1）电烙铁的使用

对于模拟电子技术课程设计元器件安装，一般都使用小功率烙铁，小功率烙铁采用笔握法，即像握笔那样握电烙铁，如图 5.1 所示。电烙铁使用以后，一定要稳妥地插放在烙铁架上，并注意导线等其他杂物不要碰到烙铁头，以免烫伤导线，造成漏电等事故。

图 5.1　电烙铁的握法　　　　　　　　　图 5.2　焊锡丝的拿法

2）焊锡丝的拿法

焊锡丝的拿法一般有两种，如图 5.2 所示。

3）焊接步骤

掌握好电烙铁的温度和焊接时间，选择恰当的烙铁头和焊点的接触位置，才可能得到良好的焊点。正确的手工焊接操作步骤如下。

①准备阶段。左手拿焊丝，右手握烙铁，烙铁头必须保持干净，无焊渣和氧化物，并在表面镀有一层焊锡。如烙铁头表面氧化发黑可用一块湿布或湿的木质纤维海绵随时擦拭烙铁头，对于普通烙铁头，在腐蚀污染严重时可使用锉刀修去表面氧化层，然后镀上一层焊锡。

②加热与送丝。烙铁头靠在元件管脚和焊盘的连接处，进行加热，时间为 1～2 s。焊接时应让烙铁头与焊件形成面的接触而不是点或线的接触。焊接面被加热到一定温度时，焊锡丝应从烙铁对面接触焊件，注意不要将焊锡丝送到烙铁头上。

③去丝移烙铁。焊锡在焊盘上浸润扩散满后，立即拿开焊丝并移开烙铁，焊锡丝的撤离要略早于烙铁头。烙铁头一般以斜上方 45°角方向撤离，可使焊点圆滑美观。烙铁头撤离后，在焊点完全凝固之前切忌触动焊接点上的元器件或导线，以免形成虚焊。

整个焊接过程时间不宜过长，一般控制在 2～4 s。但由于烙铁功率、焊点热容量的差别等因素，焊接时间须灵活掌握。

5.2.2　模拟电子电路的调试

模拟电子电路的调试包括测试和调整两个方面。测试是对已经安装完成的电路进行参数及工作状态的测量；调整是在测量的基础上对电路元器件的参数进行必要的修正，使电路的各项性能指标达到设计要求。

模拟电子电路调试一般分为下述两种方式。

①边安装边调试。把一个总电路按框图上的功能分成若干单元电路，分别进行安装和调试，在完成各单元电路调试的基础上逐步扩大安装和调试的范围，最后完成整机调试。对于新设计的电路，此方法既便于调试，又可及时发现和解决问题。该方法适于课程设计中采用。

②整个电路安装完毕，实行一次性调试。这种方法适于定型产品。

此外，调试时应注意做好调试记录，准确记录电路各部分的测试数据和波形，以便于分析和运行时参考。

电子电路的调试、故障检查及干扰问题详见本书第 1 章模拟电子技术实验基础知识，这里不再赘述。

5.3 课程设计报告及评分标准

5.3.1 课程设计报告

设计报告是课程设计的文字性总结,是考核课程设计成绩的重要依据。学生在完成课程设计的安装调试后,要认真撰写设计报告,要求语言通顺、图标清晰、分析合理、讨论深入。报告主要包含下述内容。

(1)课题名称

课题名称是选择的课程设计作品的名称。题目名称下面应提供设计者的专业、班级、姓名、学号和指导教师的姓名。

(2)摘要

摘要是对课程设计总结报告的总结,摘要一般在300字左右。摘要的内容应包括目的、方法、结果和结论,即应包含设计的主要内容、设计的主要方法和设计的主要创新点。

(3)目录

目录包括课程设计总结报告的章节标题、附录的内容,以及章节标题、附录的内容所对应的页码。

(4)正文

正文是课程设计报告的核心。课程设计报告正文的主要内容包含:系统方案设计、元器件选择和电路设计、计算机仿真、安装调试、系统测试、结论、收获与体会。

①系统方案设计。在系统方案设计这一章节中,主要介绍系统设计思路与总体方案的可行性论证,各功能块的划分与组成,介绍系统的工作原理或工作过程。在总体方案的可行性论证中,应提出几种(一般是2~3种)总体设计方案进行分析与比较,总体设计方案的选择既要考虑其先进性,又要考虑其实现的可能性。

②单元电路设计。在单元电路设计中不需要进行多个方案的比较与选择,只需要对已确定的各单元电路的工作原理进行介绍,对各单元电路进行分析和设计,并对电路中的有关参数进行计算及元器件的选择等。

所选择的集成电路芯片需要写出内部结构、工作原理、引脚端功能、主要技术指标、外部元器件选择、应用电路。

应注意的是:理论的分析计算是必不可少的。在理论计算时,要注意公式的完整性,参数和单位的匹配,计算的正确性;注意计算值与实际选择的元器件参数值的差别。电路图用Multisim或其他软件工具绘画,应注意元器件符号、参数标注、图纸页面的规范化。用仿真工具进行分析,并将仿真分析结果表示出来。

③电路安装调试。对安装调试中出现的问题进行分析,并说明解决的措施。

④系统测试。详细介绍系统的性能指标或功能的测试方法、步骤,所用仪器设备名称、型号,测试记录的数据和绘制图表、曲线。应注意的是:要根据设计题目的技术要求和所制作的作品,正确选择测试仪器仪表和测试方法。测试的数据要以表、图或者曲线的形式表现出来。

⑤结论。对作品测试的结果和数据进行分析和计算,也可以制作一些图表,对整个作品作一个完整的、结论性评价。

⑥收获与体会。

（5）附录

附录应包括元器件明细表、仪器设备清单、电路图图纸、电路使用说明等。

（6）参考文献

参考文献部分应列出在设计过程中参考的主要书籍、刊物、杂志等。

5.3.2　成绩评定方法

（1）考核内容

《模拟电子技术课程设计》的最终成绩应从以下几方面来考核:

①设计方案的正确性、合理性以及创新精神。

②运用计算机仿真软件的熟练程度及仿真结果。

③动手能力(仪器设备使用水平、安装质量、调试中分析解决问题的能力)。

④设计报告的质量。

⑤设计过程中的学习态度、自学能力及科学精神。

（2）考核标准

《模拟电子技术课程设计》的成绩共分 5 档,如下所述。

1）优秀

①理论设计思路清晰,方案正确简单可靠。

②能够熟练运用仿真软件,在较短的时间内得到与理论设计完全一致的仿真结果;对仿真结果进行了充分的分析。

③实验动手能力强,设备使用合理;作品安装布线合理美观,焊接质量好;在规定时间内全部正确实现设计要求及发挥设计部分;调试中出现的问题基本上能自己解决。

④设计总结报告中系统设计过程阐述准确、文字通顺,故障分析透彻,原理图绘制正确,完整、规范。

2）良好

①理论设计思路清晰,方案正确。

②能够熟练运用仿真软件,在规定的时间内得到与理论设计完全一致的仿真结果;对仿真结果进行了一定的分析。

③实验动手能力较强,设备使用合理;作品安装布线合理,焊接质量较好;在规定时间内全部正确实现设计要求。

④设计总结报告中系统设计过程阐述准确、文字通顺,故障分析正确,原理图绘制正确,完整、规范。

3）中等

①理论设计基本正确。

②能够运用仿真软件,在规定的时间内得到与理论设计完全一致的仿真结果;实验动手能力一般,能基本正确实现设计要求。

③设计总结报告中系统设计过程阐述正确、文字通顺,原理图绘制正确,较完整。

4）及格

①理论设计基本正确。

②能够运用仿真软件,得到与理论设计基本一致的仿真结果;实验动手能力不强,能部分实现设计要求。

③设计总结报告中系统设计过程阐述基本正确、原理图绘制基本正确,无原则性错误。

5）不及格

①理论设计不完整。

②不能熟练使用仿真软件,在规定的时间内只得到部分仿真结果;实验动手能力差,不能或只能部分实现设计要求。

③设计总结报告中系统设计过程没有完整分析说明,原理图错误较多。

5.4 设计范例——函数信号发生器的设计

5.4.1 设计任务

（1）设计目的

①掌握函数信号发生器的设计、组装与调试方法。

②能熟练使用 Multisim 电路仿真软件对电路进行设计仿真调试。

③加深对模拟电子技术相关知识的理解及应用。

（2）设计任务和要求

1）设计任务

设计一个能够输出正弦波、方波、三角波 3 种波形的函数信号发生器。

2）设计要求

①基本要求。

a.输出频率为 $f_0 = 300$ Hz,误差小于 $\pm 2\%$。

b.正弦波输出幅度不小于 5 V,矩形波输出幅度不小于 500 mV,三角波输出幅度不小于 20 mV。

c.要求波形失真小,电路工作稳定可靠,布线美观。

②发挥要求。

a.改进电路使矩形波幅度不小于 5 V,三角波幅度不小于 1 V,且波形失真小。

b.改进电路使输出频率能在一定范围内可调,如 1 Hz~1 kHz 可调。

5.4.2 设计方案选择

低频函数信号发生器的设计方案有很多种,具体电路中的元器件可采用分立元器件,也可采用集成电路。其总体电路由 3 个功能模块组成:正弦波发生电路模块,矩形波发生电路模块,三角波发生电路模块,根据上述 3 个模块的不同顺序可由以下两种方案实现。

方案 1:先由 RC 正弦波振荡电路产生正弦波,然后经过滞回比较器将正弦波变换为矩形波,再由积分电路将方波变换为三角波。RC 正弦波振荡电路中的振荡器由 RC 串并联选频网络和集成运放组成的负反馈放大电路组成。RC 选频网络的输入信号由放大电路的输出端提供,RC 选频网络的输出又反馈到放大电路的输入端,使电路在振荡频率处满足振荡的相位条件,若调节电路中的滑动变阻器使负反馈放大电路的增益大于 3 满足起振条件,电路产生振荡,输出端产生正弦波。若输出波形产生较小失真,可在输出端增加两个限幅二极管使输出为不失真的正弦波。由于电压比较器的输出只有两种状态:高电平和低电平,将正弦波通过滞回比较器即可得到同频率的矩形波。最后再由积分电路将方波变换为三角波。

　　方案 2:先用一个滞回比较器和一个 RC 充放电回路组成矩形波发生电路,再由积分电路将方波变换为三角波,最后由低通滤波器将三角波变换为正弦波,也可以利用差分放大器传输特性的非线性实现三角波到正弦波的变换。滞回比较器的输出只有两种状态:高电平和低电平,这两种输出电平使 RC 电路进行充电或放电,于是电容上的电压将升高或降低,而电容上的电压又作为滞回比较器的输入电压,控制其输出状态发生跳变,从而使 RC 电路由充电过程变为放电过程或相反。如此循环往复,周而复始,最后在滞回比较器的输出端即可得到一个高低电平周期性变化的矩形波。由于三角波可按傅里叶级数展开为:

$$u_I(\omega t) = \frac{8}{\pi^2} U_m \left(\sin \omega t - \frac{1}{9} \sin 3\omega t + \frac{1}{25} \sin 5\omega t - \cdots \right)$$

由上式可知,只要将三角波通过低通滤波器,并保证滤波器的通道截止频率大于三角波的基波频率且小于三角波的三次谐波频率,在输出端就会得到频率和三角波基本频率相同的正弦波。

　　此外还可采用典型的射极耦合差分放大器实现三角波到正弦波的转化。在差分放大电路的一个输入端输入三角波,由于差分放大电路传输特性的非线性在其单端输出端即可得到曲线近似正弦波的信号。

　　选择结果:方案 1。原因:在方案 2 中要用有源低通滤波电路将三角波转化为正弦波,而滤波电路的截止频率不稳定,会造成滤波后的正弦波存在明显失真,所以方案 1 成为了设计时的首选。

5.4.3　系统方框图及电路原理

（1）系统方框图

函数信号发生器系统方框图如图 5.3 所示。

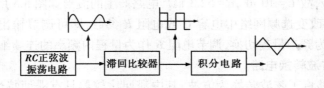

图 5.3　信号发生器原理方框图

（2）电路原理

电路主要 RC 由正弦波振荡电路、滞回比较器电路、积分电路组成。RC 正弦波振荡电路产生输出频率为 f_o = 300 Hz,误差小于 ±2%,幅度不小于 5 V 的正弦波,此正弦波通过滞回比较器即可得到同频率幅度不小于 500 mV 的矩形波,最后简单的积分电路即可实现矩形波向三角波的转化。

5.4.4 单元电路设计

（1）RC 正弦波振荡电路设计

RC 正弦波振荡电路是整个系统的核心，其电路图如图 5.4 所示。主要由 4 个子电路构成，分别为负反馈放大电路、正反馈网络、选频网络和稳幅电路。

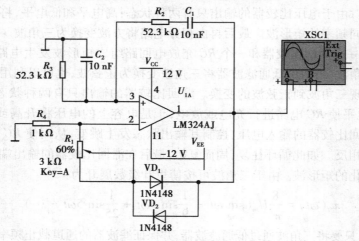

图 5.4 RC 正弦波振荡电路

运算放大器 U_{1A} 是整个电路的关键，它与 R_1、R_4 及二极管 VD_1、VD_2 组成具有稳幅作用的负反馈放大电路，可通过调整电位器 R_1 改变负反馈深度，从而改变电路增益，以保证电路振荡的幅值平衡条件，使电路获得一定幅值的输出量。电路起振条件和幅值平衡条件为：

$$A_u = 1 + \frac{R_F}{R_4} \geqslant 3$$

$R_F = R_1 + r_D$，要求 $R_F \geqslant 2R_1$。故取 $R_1 = 3 \text{ k}\Omega$，$R_4 = 1 \text{ k}\Omega$。

C_1、R_2 和 C_2、R_3 组成 RC 串并联选频与正反馈网络，且 $C_1 = C_2 = C$，$R_2 = R_3 = R$。输出信号的振荡频率为：

$$f_o = \frac{1}{2\pi RC}$$

根据要求 $f_o = 300 \text{ Hz}$，故 $C = 10 \text{ nF}$，$R = 52.3 \text{ k}\Omega$，电路产生的波形如图 5.5 所示。

由此可见，只要改变选频网络中电容 C 或电阻 R 参数，即可调节输出信号的频率。一般采用改变电容 C 作为频率量程切换，调节电阻 R 作为量程内频率的连续细调。

（2）正弦波—方波转换电路

电压比较器能够将正弦波转换为方波，其中滞回比较器具有滞回特性，其抗干扰能力较强，因此本设计采用滞回比较器组成正弦波—方波转换电路，其电路如图 5.6 所示。

在此电路中，运算放大器工作在非线性区，其电压传输特性如图 5.7 所示。稳压二极管 D_3、D_4（稳定电压为 U_Z）组成输出端的限幅电路。

其阈值电压为：

$$\pm U_T = \pm \frac{R_1}{R_1 + R_2} U_Z$$

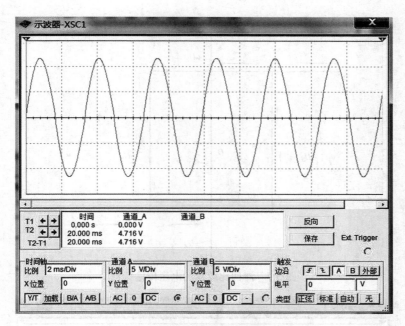

图 5.5 RC 正弦波振荡器产生的波形

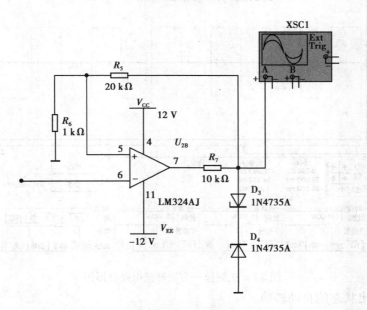

图 5.6 正弦波—方波转换电路

当输入信号 $U_I < -U_T$ 时,输出电压 $U_O = +U_Z$;当输入信号 $U_I > -U_T$ 时,输出电压 $U_O = -U_Z$;当输入信号 U_I 从小于 $-U_T$ 逐渐增大到 $-U_T < U_I < +U_T$ 时,输出电压 $U_O = +U_Z$;当输入信号 U_I 从大于 $+U_T$ 逐渐减小到 $-U_T < U_I < +U_T$ 时,输出电压 $U_O = -U_Z$。这样在电路的输出端就会得到幅值是 U_Z 的矩形波。正弦波—方波转换电路的波形如图 5.8 所示。

(3)方波—三角波转换电路

方波—三角波转换电路采用最常用的 RC 积分电路得到三角波,如图 5.9 所示。

此电路由放大电路和 RC 电路组成。RC 回路既作为延迟环节,又作为反馈网络,通过 RC

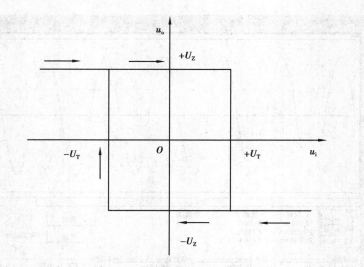

图 5.7　滞回比较器的电压传输特性

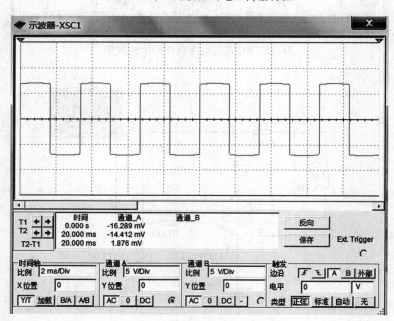

图 5.8　正弦波—方波转换电路波形图

充、放电实现输出状态的自动转换。

假设初始时刻电容两端的电压为 $u_O(t_0)$，且输入信号在 $t_0 \sim t_1$ 时间段内为常数 U_I，则输出电压的计算公式为：

$$u_O = -\frac{1}{R_3 C}\int u_i \mathrm{d}t + u_O(t_0)$$

$$= -\frac{U_I}{R_3 C}(t_1 - t_0) + u_O(t_0)$$

如果输入信号 u_i 是矩形波，则经过上述公式的运算在输出端可得到和输入波形同频率的三角波，其波形如图 5.10 所示。此外，为了防止低频信号增益过大，在积分电容 C 上并联一个电阻加以限制。

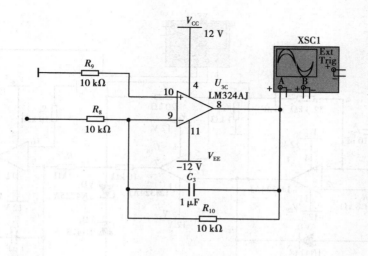

图 5.9 积分电路

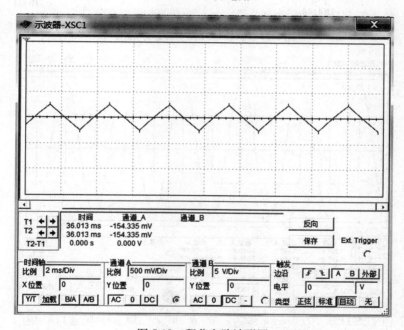

图 5.10 积分电路波形图

5.4.5 总原理电路图

由于本设计使用的是集成运放 LM324,而非单个运放,故系统总电路图应将 RC 正弦波振荡电路、滞回比较器电路、积分电路 3 部分电路结合在 LM324 之上。此芯片内部包含 4 个运放,本设计只需要 3 个运算放大器,故只需要一片 LM324 即可,采用双电源供电。将 LM324 和 5.4.4 中的单元电路结合可得到系统总原理电路图,如图 5.11 所示。电路仿真结果如图 5.12 所示。

图中蓝色波形为第一级输出波形正弦波,红色为第二级输出波形矩形波,绿色为第三级的

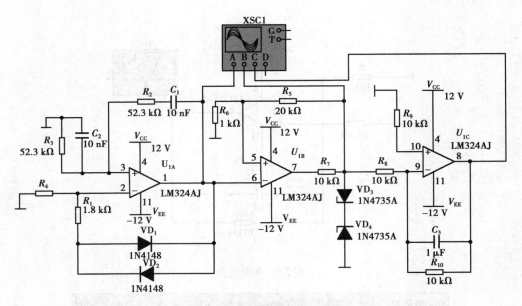

图 5.11 函数信号发生器总原理图

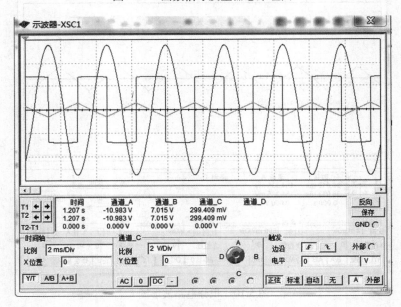

图 5.12 函数信号发生器仿真波形图

输出波形三角波,频率、幅度均满足设计要求。

5.4.6 安装调试要点

首先要检查和测试元器件的性能和参数是否符合设计要求,其次是根据电路原理图进行元器件的布局,然后进行布线,最后进行焊接。一般来说,焊接应该按系统的模块进行,即每焊接完一个模块的所有元器件后,要对这一模块进行检查测试,检查各单元电路的功能和主要指标是否达到设计要求,没有问题再往下进行。最后,完成所有模块的电路制作,进行整体调试。

由于图 5.11 所示的函数信号发生器是由三级单元电路组成,在调试多级电路时,通常按照单元电路的先后顺序进行分级装调与级联装调。

(1)正弦波发生电路的调试

正弦波发生电路的关键是起振和平衡的幅值及相位条件。为了保证电路的正常起振,滑动变阻器取值应在计算值范围内,保证负反馈放大电路电压增益大于 3,否则电路不会起振。若输出波形有较小失真,也可调节滑动变阻器,使电路增益减小,使之略微大于 3,即可消除失真。

(2)正弦波-矩形波变换电路的调试

此部分电路中矩形波的频率和第一级的正弦波一致,其幅值取决于输出端的稳压二极管,为了满足设计要求选择稳压二极管的型号要准确。

(3)矩形波-三角波变换电路的调试

此电路的关键是三角波的幅值是否满足要求。若不满足要求,可通过调整积分电阻的阻值实现充放电常数小范围的变化,即三角波幅值小范围的调整。也可通过调整积分电容 C 的容值实现三角波幅值大范围的调整,以满足系统要求。

(4)系统联调

给整个系统上电(注意 LM324 的双电源供电模式),测试各级输出信号的波形是否存在失真,幅值和频率是否满足要求。若波形有失真,可调整第一级的电位器 R_1 改变静态工作点,使运放远离饱和区和截至区,即可消除失真。

5.4.7　性能测试

(1)输出信号频率测试

用频率计(或示波器)分别测量各级输出信号正弦波、矩形波、三角波信号的频率,看是否满足输出频率为 $f_0 = 300$ Hz,误差小于 $\pm 2\%$ 的要求。

(2)输出电压测试

在输出信号频率正确的前提下,用示波器或毫伏表测量输出正弦波输出幅度不小于 5 V,矩形波输出幅度不小于 500 mV,三角波输出幅度不小于 20 mV,看能否达到设计要求。

(3)发挥要求测试步骤同上

5.4.8　总结报告

①总结函数信号发生器电路整体设计、安装与调试过程。要求有电路图、原理说明、电路所需元件清单、电路参数计算、元件选择、测试结果分析。

②分析安装与调试中发现的问题及故障排除的方法。

5.5 课程设计参考题目

5.5.1 二阶有源低通滤波器的设计

（1）设计目的

①掌握二阶有源低通滤波器的设计、组装与调试方法。

②加深对模拟电子技术相关知识的理解及应用。

（2）设计任务与要求

设计一个二阶有源低通滤波器。具体要求如下：

①用压控电压源方法设计电路。

②截止频率 $f_0 = 100$ kHz。

③增益 $A_V = 1$。

④品质因数 $Q = 1$。

（3）二阶有源低通滤波器基本原理及电路设计

滤波器分为无源滤波器和有源滤波器两种。无源滤波器由电感 L、电容 C 及电阻等无源元件组成。其优点是电路结构简单，但是其通带放大倍数及截止频率都随负载而变化，这一缺点常常不符合信号处理的要求，为了使负载不影响滤波特性，可在无源滤波电路和负载之间加一个高输入电阻、低输出电阻的隔离电路，即为有源滤波器。

有源滤波器由集成运放和 RC 网络构成，其系统框图如图 5.13 所示。

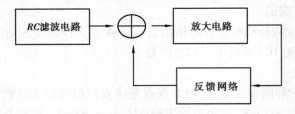

图 5.13 二阶有源低通滤波器系统框图

RC 滤波电路主要用来滤掉不需要的高频信号，主要有电阻和电容组成。其对波形的选取非常重要。放大电路采用同相输入集成运放，用于前置放大级，组成电路时应选用带宽合适的运放。反馈网络主要由电阻组成，可以改善放大电路的性能。

图 5.14 是典型压控电压源二阶有源低通滤波器电路图。它由两节 RC 滤波电路和同相比例放大电路组成，在集成运放的输出端和反相输入端之间引入由 R_2 和 R_1 组成的负反馈。此负反馈将使滤波器的幅频特性在高频段迅速衰减，只允许低频段信号通过。

为了方便设计选取 $R_4 = R_3 = R$，$C_1 = C_2 = C$，则通道截止频率为 $f_0 = 1/2\pi RC = 100$ kHz，可选 $C = 1\ 000$ pF，计算得 $R = 1.59$ kΩ，取 $R = 1.6$ kΩ。品质因数 $Q = 1/(3 - A_{vf}) = 1$，所以 $A_{vf} = 2$，即 $1 + R_F/R_1 = 2$，则 $R_2 = R_1$。为了使集成运放两个输入端对地的电阻平衡，应该使 $R_2/R_1 = 2R = 3.2$ kΩ，则 $R_2 = R_1 = 6.2$ kΩ。由此得到仿真电路如图 5.15 所示，通过调试得到如图 5.16 所示仿真结果，5.16（a）所示为电路输出波形，5.16（b）所示为波特图示仪测量的幅频特性曲线。

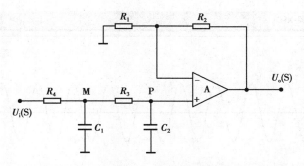

图 5.14　典型压控电压源二阶有源低通滤波器电路图

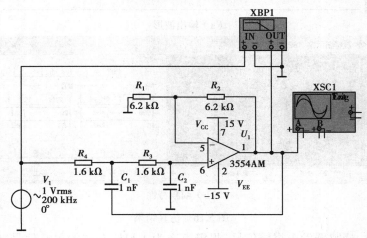

图 5.15　二阶有源低通滤波器仿真图

（4）安装调试

电路安装完毕后，接通 15 V 电源，输入端接入 1 V 的正弦信号，在滤波器的截止频率附近改变输入信号频率，用示波器或交流毫伏表观察输出电压变化是否具备低通特性，如不具备低通特性，应检查电路，排除故障。

（5）总结报告

①总结二阶有源低通滤波器电路整体设计、安装与调试过程。要求有电路图、原理说明、电路所需元件清单、电路参数计算、元件选择、测试结果分析。

②分析安装与调试中发现的问题及故障排除的方法。

5.5.2　光电报警系统设计

（1）设计目的

①熟悉光电报警系统的组成原理。

②掌握光电报警系统的电路设计、安装与调试方法。

③了解一般光敏器件、发声元件的特性。

（2）设计任务与要求

设计一个光电报警系统，具体要求如下：

①在电源电压为+6 V 的条件下，达到②、③两项要求之一。

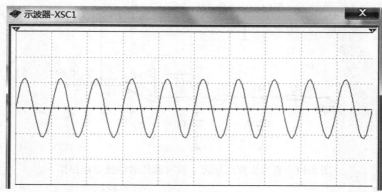

（a）输出波形

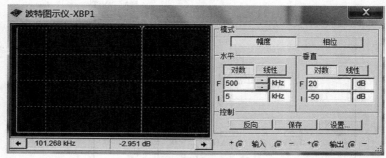

（b）幅频特性

图 5.16　仿真结果

②有光照时,蜂鸣器发出报警信号(报警声音为 1 kHz 左右的单音信号,同时报警指示灯亮);无光照时不发信号。

③无光照时发出报警信号(报警声音为 1 kHz 左右的单音信号,同时报警指示灯亮),有光照时不发信号。

（3）光电报警系统基本原理及电路设计

光电报警器采用光敏器件来监测受控区域内的光照状态,当状态改变时(如保险箱门、车门打开或关闭),光敏器件的参数随之发生变化,检测、控制电路动作,促使发声器发出声音,达到提醒、报警的作用。光电报警器由光源、光源检测模块、报警控制模块和发声、显示模块组成,组成方框图如图 5.17 所示。

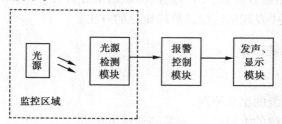

图 5.17　光电报警系统组成框图

①光源。光源是检测模块的检测对象,代表监护区域的状态。用有光和无光表示正常和报警两种不同的状态。根据监护区域的特点和检测模块中光敏器件的性质,可采用自然光源和电光源。本设计可采用发光二极管作光源。

144

②光源检测模块。光源检测模块由光敏器件及相应的电路构成,用来检测光源的"有"或者"无"。模块的输出用高、低电平表示光源的两种不同状态,输出到后面的电路。

③报警控制模块。控制模块用于将光源检测模块的输出信号变换为对发声、显示电路的控制信号。光源检测模块的输出由于输出功率较小不适宜直接控制发声、显示电路。因此控制电路要求输入阻抗高,不影响检测模块的输出;同时控制电路要有一定的输出功率,能有效控制发声、显示电路。

控制电路可由集成运放、电压比较器等组成,也可由分立元件组成。控制方式视被控对象的特性而定,如果控制对象为小功率的发声、显示电路,可直接控制其电源。

④发声、显示模块。发声、显示电路的作用是使发声器发声、显示器显示,从而表示出监视区域内的状态异常。发声、显示电路可由分立电路或数字电路组成,也可由运放或电压比较器构成,其核心是发声、显示器件。发声器件有扬声器、蜂鸣器和电铃;显示器件有发光二极管、数码管和灯,可根据具体情况选择。

按无光照时报警进行设计。为降低可见光的干扰,光源采用红外光源。ST-178 红外发射、接收对管符合低电源条件,发射、接收电路如图 5.18 所示。由于发声频率有要求,因此选用无源蜂鸣器作发声器件,并设计一振荡频率为 1 kHz 的方波发生器作为声音信号,检测电路的输出信号作为方波发生器的控制信号,控制、报警电路如图 5.19 所示;由于发声功率无要求,采用 NPN 型普通三极管 9013 作为蜂鸣器驱动管;考虑到单电源要求及减少元件,采用 LM339 四电压比较器,总电路如图 5.20 所示。

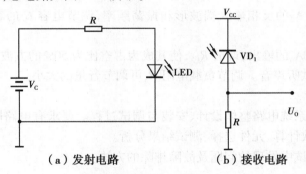

（a）发射电路　　　　（b）接收电路

图 5.18　发射、接收电路

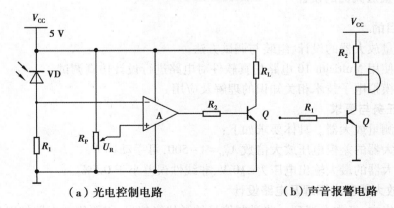

（a）光电控制电路　　　　（b）声音报警电路

图 5.19　控制、报警电路

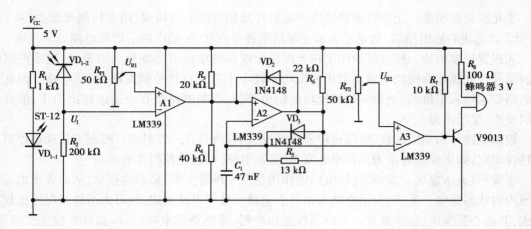

图 5.20　光电报警系统总电路图

（4）**安装调试要点**

①安装时注意红外对管的极性，发射管正接、接收管反接。

②调试有光照时检测电路 A_1 的输出电平为低电平。调节发射、接收管的距离，使 U_1 为 1 V 左右，再调节 R_{P1}，使 U_{R1} 低于 U_1 约 0.2 V，此时 U_1 应为低电平。

③调试无光照时检测电路 A_1 的输出电平为高电平。将发射管用手或书本挡住，测 A_1 的输出应为高电平。

④用示波器观测 A_2 的反相输入端波形和振荡频率，调节电容 C 的容量使振荡频率符合要求。

⑤用示波器观察 A_3 的输出，调节 R_{P2}，使其成为占空比为 50% 的方波。

⑥接入蜂鸣器，试听声音。调节负载电阻 R_8 可调节音量的大小。

（5）**总结报告**

①总结光电报警系统电路整体设计、安装与调试过程。要求有电路图、原理说明、电路所需元件清单、电路参数计算、元件选择、测试结果分析。

②分析安装与调试中发现的问题及故障排除的方法。

5.5.3　测量放大器的设计

（1）**设计目的**

①掌握测量放大器的设计、组装与调试方法。

②能熟练使用 Multisim 10 电路仿真软件对电路进行设计仿真调试。

③加深对模拟电子技术相关知识的理解及应用。

（2）**设计任务与要求**

设计一个测量放大器。具体要求如下：

①测量放大器的差模电压放大倍数 $A_{VD} = 1 \sim 500$，可手动调节。

②测量放大器的最大输出电压为 ±10 V，非线性误差小于 0.5%。

（3）**测量放大器基本原理及电路设计**

在数据采集中，经常会遇到一些微弱信号的微伏级信号，需要用放大器加以放大。放大器的类型分为通用运算放大器和测量放大器。通用运算放大器具有 mV 级失调电压、数 μV/℃

的温漂,不可用于放大微弱信号。测量放大器也称为仪表放大器、数据放大器,是一种高增益、直流耦合放大器,具有输入阻抗高、输出阻抗低、失调及零漂很小又具有差动输入、单端输出、增益调节方便、高共模抑制比等特点。适用于大的共模电压背景下对缓变、微弱的差值信号进行放大。

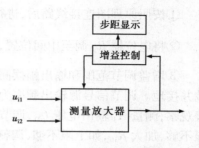

本设计的主要功能是把桥式测量电路输出的双端小信号放大并转换为单端输出信号,同时要求对共模信号及其他干扰、噪声有较强的抑制能力。因此,测量放大器是选题的主要单元电路,能够手动调节或按步距预置放大倍数,属于附加功能,其系统框图如图 5.21 所示。

测量放大器的主要性能指标是差模电压放大倍数、共模抑制比和差模输入电阻。当要求电压放大倍数较高时,应采用多级电压放大电路,并引入电压串联负反馈。当要求共模抑制比较高时,应采用差分放大电路,并尽量使得电路参数对称。本课题采用如图 5.22 所示的三运放测量放大电路。

图 5.21　测量放大器系统框图

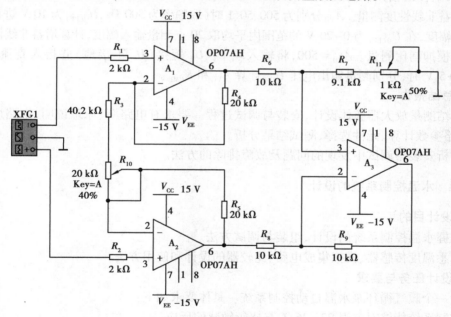

图 5.22　三运放差分测量放大电路

其主要包含两部分:运放 A_1、A_2 按同相输入法组成的第一级差分放大电路和运放 A_3 组成第二级差分放大电路。为了节约成本,运放 A_1、A_2、A_3 都采用 OP07。

由于电路的零漂影响主要来自第一级放大,故第一级采用差分式输入、双端输出的方式,其共模放大倍数理论为 0,能有效地提高整个电路的共模抑制能力。运放 A_3 主要用于将双端输入信号转变成单端输出。为了进一步提高其共模抑制能力以及精准度,加入了调零电路。此外,用固定电阻 R_7 与可变电阻 R_{11} 串联后与 R_6 进行匹配,可提高电路的对称性,进一步减少温度漂移的影响。

此差分放大电路的电压放大倍数为:

$$A_{VD} = \left(\frac{R_3 + R_4 + R_5 + R_{10}}{R_3 + R_{10}} \right) \frac{R_9}{R_8}$$

由上式可知,只要调节可变电阻器 R_{10} 的大小,就可得到满意的差模电压放大倍数。

（4）安装调试要点

①按照原理图连接线路后,进行整机调试。

②将电位器 R_{10} 调至中间位置,调 R_{11} 满足 $\frac{R_9}{R_8} = \frac{R_7 + R_{11}}{R_6}$。

③增益调节范围和输出幅摆测量。将信号源输出正端接运放 A_2 输入端,负端接 A_1 输入端并接地。调节信号源输出频率为 500 Hz、峰—峰电压为 100 mV 的正弦波,用示波器和毫伏表观察,测量 A_3 输出电压 U_0,调节 R_{10} 使 $U_{O(PP)}$ 为 100 mV。再调节 R_{10} 使 $U_{O(PP)}$ 为 20 V,如下限不够,加大 R_{10},如上限不够,调整 R_4、R_5、R_6、R_7、R_8、R_9 等电阻值,重新分配增益。

④频带测量。在完成增益调节范围和输出幅摆测量后（$A_{VD} = 500$）,保持信号源幅度不变,增加频率,找出使 $U_{O(PP)}$ 为 14.14 V 的上限截止频率 f_H。然后在 2 Hz～2 kHz 的范围选 10 点测量输出电压,作出幅频特性曲线。

⑤增益非线性度测量。A_{VD} 分别为 500、50、1 时（取频率为 500 Hz,$U_{O(PP)}$ 为 10 V 进行标定）；调节输入幅度,在 $U_{O(PP)}$ 为 0～20 V 的范围内平均取 20 点测量输入幅度,计算增益非线性误差。

⑥共模抑制比测量。$A_{VD} = 500$,将输入端 U_1、U_2 短接（U_2 不接地）并接入直流电压,在 $U_1 = U_2 = \pm 5$ V 时,分别测量输出电压 U_0,计算 A_{VC} 和 K_{CMR}。

（5）总结报告

①总结测量放大器整体设计、安装与调试过程。要求有电路图、原理说明、电路所需元件清单、电路参数计算、元件选择、测试结果分析。

②分析安装与调试中发现的问题及故障排除的方法。

5.5.4　水温控制系统的设计

（1）设计目的

①掌握水温控制系统的设计、组装与调试方法。

②熟悉温度传感器、模拟集成电路、比较器的设计和使用方法。

（2）设计任务与要求

设计一个暖气循环泵水温自动控制系统。具体要求如下:

①控制系统能够对室温 22～26 ℃ 有比较敏感的反应。

②有温度设定功能。

③温度超过设定温度值时,有报警功能。

（3）水温控制系统基本原理及电路设计

水温控制系统一般由温度传感器、K-℃变换器、比较器、温度设置单元及执行单元组成。图 5.23 所示为水温控制系统框图。

温度传感器的作用是把温度信息转换成电流或电压信号,K-℃变换器将绝对温度转换成摄氏温度。信号经过放大和刻度定标后（0.1 V/℃）后送入比较器与预先设定的固定电压进行比较,由比较器输出来控制执行单元和 LED 指示灯工作,实现温度的自动调整和报警。

水温控制系统的电路原理图如图 5.24 所示。

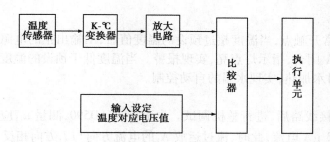

图 5.23　水温控制系统框图

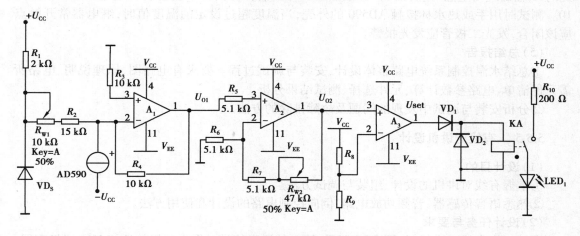

图 5.24　水温控制系统的电路原理图

1）温度传感器

温度是最基本的物理量,用电测法测量温度时,首先要通过温度传感器将温度转换成电信号。本课题中的温度传感器选用半导体感受式的 AD590。

AD590 是一种电流型二端器件,有"+""−"两个有效引脚,在其引脚施加一定电压后,通过 AD590 的电流与其温度成线性关系,温度每增加 1 ℃,电流 I 随之增加 1 μA。其适用的温度范围为−55～+155 ℃,测温精度为±0.5 ℃。在 0 ℃时,AD590 的电流 $I = 273$ μA,其关系为:

$$I = 273 + t$$

为了将 AD590 的电流信号转换为电压信号,应给 AD590 串联电阻,如果串联 10 kΩ 的电阻,则在 0 ℃时电阻上的电压降为 2.73 V,温度每升高 1 ℃,电阻上的压降就增加 10 mV。应用时应注意调节电阻值使 0 ℃时电路输出为 0 V,同时还要使运放 A_1 的输出与温度成正比。

2）放大电路

本级为同相比例运算电路,其输入/输出关系为:

$$u_{o2} = \left(1 + \frac{R_7 + R_{W2}}{R_6}\right) u_{o1}$$

要求温度电压转换当量为 100 mV/℃,可通过调节 R_{W2} 使得放大电路的放大倍数为 10。

3）温度设定与比较器

温度设定由电阻 R_8 和 R_9 完成,设定值的选取可参考 $U_{set} = R_8 / (R_8 + R_9) U_{CC}$。运放 A_2 的输出 U_{o2} 与 U_{set} 进行比较,当超过设定值时,A_3 输出高电平,驱动继电器,报警电路工作。

4）执行电路

继电器 KA 为常开触点，当温度超过预设的温度值后，A_3 输出正的电源电压，继电器动作，发光二极管中的 KA 闭合，指示灯点亮，实现报警。当温度低于预设的温度值时，KA 常闭触点接通，通过加热器对水加热，实现水温的自动控制。

（4）安装调试

按照原理图连接线路后，进行整机调试。先不接入 AD590，测量 u_{o1} 应为 -2.73 V，通过调节 R_{W1} 以平衡掉 273 μA 电流，此时，流过运放 A_1 的电流方向与 I_1 方向相反。然后接入 AD590，此时 A_1 输出应与室温对应，如 24 ℃对应 240 mV。最后，调节 R_{W2} 使运放 A_2 的电压放大倍数为10。测试时用手或热水杯接触 AD590 的外壳，当温度超过设定的温度值时，继电器常开触点应该闭合，发光二极管应发光报警。

（5）总结报告

①总结水温控制系统电路整体设计、安装与调试过程。要求有电路图、原理说明、电路所需元件清单、电路参数计算、元件选择、测试结果分析。

②分析安装与调试中发现的问题及故障排除的方法。

5.5.5　有线对讲机设计

（1）设计目的

①掌握有线对讲机的设计、组装与调试方法。

②熟悉语音传感器、音频功放电路、倒向控制电路的设计和使用方法。

（2）设计任务与要求

设计一个有线对讲机，如图 5.25 所示，输入的语音信号 u_i 取自驻极体话筒 MIC 或扬声器，输出负载为普通扬声器，语音信号可双向传输，即信号的发送方与接收方可以互换。语音传输距离大于 20 m。具体要求如下：

①甲乙任何一方可用扬声器向对方讲话，或收听对方的讲话。

②用控制按钮来控制发话或收听，同时对方呼叫时有铃声响。

③最大输出功率大于 0.5 W，扬声器等效阻抗 8 Ω，音量连续可调。

④通带范围 30 Hz~3 kHz，单路电源电压 10 V。

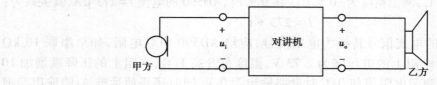

图 5.25　有线对讲机框图

（3）有线对讲机基本原理及电路设计

对讲机的基本功能是以驻极体 MIC 为声电传感器，将微弱的语音信号转换成具有一定功率的电信号，推动扬声器发出清晰的语音，结构框图如图 5.26 所示。

图 5.26　有线对讲机系统框图

1）声电转换电路

声电转换电路的基本作用是把从语音传感器 MIC 或喇叭拾取的语音信号按一定比例转换成音频功率放大器所能接受的电压信号。如图 5.27 所示的电路可对 MIC 信号放大 10 倍，产生 20 mV 左右的语音电压信号，10 V 直流电源和 10 kΩ 电阻构成 MIC 的驱动环节，两只 100 kΩ 电阻用于为运放输入合适的偏置电压，防止语音信号失真。

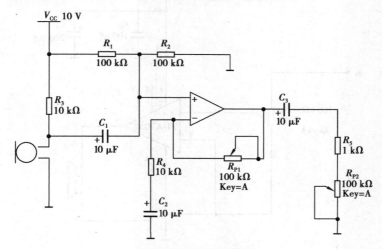

图 5.27　语音信号放大电路

2）音频功率放大器

音频功率放大器的主要指标是输出功率。常见的单电源供电的功放电路有 OTL 功放、BTL 功放两种类型。从电路简单且容易调试考虑，可采用如图 5.28 所示的 LM386 构成的 OTL 功放电路和图 5.29 所示的 TDA7052 构成的 BTL 功放电路。

①LM386 构成的 OTL 功放电路。LM386 是一种 OTL 结构的小功率集成功率放大器，可处理 300 kHz 以下的音频信号，最大输出功率 1 W，具有电源电压范围宽、电压增益可调、功耗低、外接元件少、失真度小等优点，其典型应用电路如图 5.28 所示。

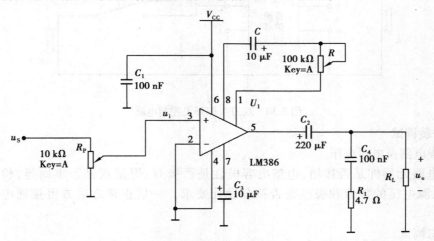

图 5.28　LM386 构成的 OTL 功放电路

②TDA7052 构成的 BTL 功放电路。TDA7052 是一种 BTL 结构的集成音频功率放大器，采

用 8 脚双列直插封装,内设 3 个运放,A_1 生成两路等值反相信号,A_2 和 A_3 接成 BTL 形式,并含有负载短路保护和抑制电源噪声等功能。电源电压范围为 3～18 V,最大输出功率超过 1 W,失真小,其典型应用电路如图 5.29 所示。

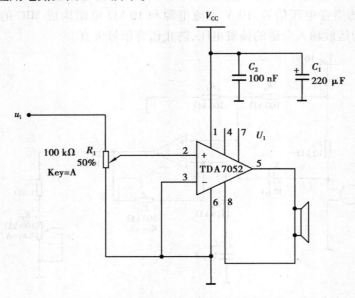

图 5.29   TDA7052 构成的 BTL 功放电路

3)控制电路

控制电路用于控制语音信号的流向,其基本功能是实现语音信号双向传输。当有一方授话时,确保另一方处于收听状态;可采用双刀双掷开关来控制,如图 5.30 所示。

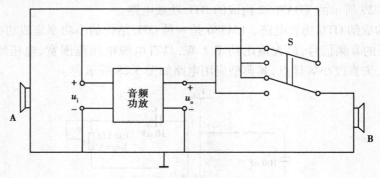

图 5.30   双刀双掷开关控制电路

(4)安装调试

1)检查电路及电源电压

检查电路元器件是否接错,电解电容极性是否接对、焊接点是否牢固等,检查电路无误,再测电源电压的数值和极性是否符合设计要求。一切正常之后方可接通电源开始调试实验。

2)静态调试

先不接输入信号,检测运放的正负输入端以及输出端,测量各个节点的电压与理论值相比较,在误差允许范围内数据合理后再接入输入信号。

3）动态调试

接输入信号,各级电路的输出端应有相应的信号输出,线性放大电路不应有非线性失真。调试时,可由前级开始逐级向右检测,这样容易找出故障点,及时调整改进。

（5）**总结报告**

①总结有线对讲机系统电路整体设计、安装与调试过程。要求有电路图、原理说明、电路所需元件清单、电路参数计算、元件选择、测试结果分析。

②分析安装与调试中发现的问题及故障排除的方法。

第 **6** 章
常用电子元器件

6.1 电阻器

电阻器简称电阻,是阻碍电流的元器件,是一种最基本、最常用的电子元器件。阻值不能改变的称为固定电阻器,阻值可变的称为电位器或可变电阻器。电阻器的电阻值大小一般与温度、材料、长度、横截面积有关,在电路中通常起分压、分流的作用。对信号来说,交流与直流信号都可以通过电阻。

6.1.1 电阻器分类和图形符号

(1)电阻器的分类

1)按伏安特性分类

按伏安特性分类分为线性电阻器和非线性电阻器。线性电阻是在一定的温度下,其电阻几乎维持不变而为一定值;非线性电阻器是电阻明显地随着电流(或电压)而变化,其伏安特性是一条曲线。

2)按材料分类

电阻根据材料和结构不同有许多种类,常见的有线绕电阻、碳膜电阻、金属膜电阻等。

①线绕电阻器:线绕电阻具有阻值精度高、稳定性好、耐热耐腐蚀、温度系数较低等特点,主要用来做精密大功率电阻使用,缺点是高频性能差,时间常数大。

②碳膜电阻:碳膜电阻器具有成本低、性能稳定、阻值范围宽、温度系数和电压系数低等特点,是目前应用最广泛的电阻器。

③金属膜电阻:金属膜电阻具有精度高、稳定性好,温度系数及噪声小,工作频率范围宽等特点,在仪器仪表及通信设备中应用广泛。

3)特殊电阻器

①敏感电阻器:敏感电阻器是指其电阻值对于某种物理量(如温度、湿度、光照、电压、机械力以及气体浓度等)具有敏感特性,当这些物理量发生变化时,敏感电阻的阻值会随物理量变化而发生改变,呈现不同的电阻值。根据对不同物理量敏感,敏感电阻器分为热敏、湿敏、光

154

敏、压敏、力敏、磁敏和气敏等类型。

②熔断电阻：又称为保险电阻。在正常情况下起着电阻和保险丝的双重作用，当电路出现故障而使其功率超过额定功率时，其会像保险丝一样熔断使连接电路断开。保险丝电阻一般电阻值都小（0.33 Ω～10 kΩ），功率也较小。

（2）**电阻器的图形符号**

电阻器的图形符号如图 6.1 所示。

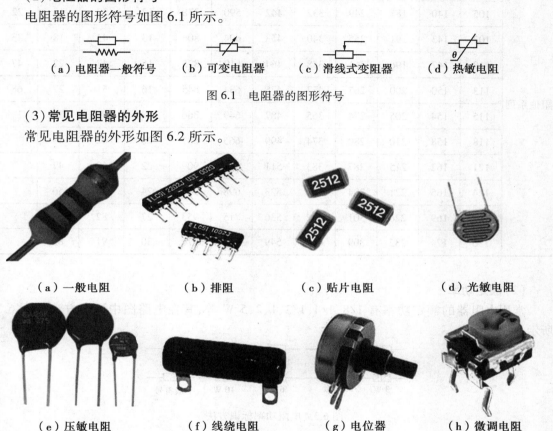

（a）电阻器一般符号　（b）可变电阻器　（c）滑线式变阻器　（d）热敏电阻

图 6.1　电阻器的图形符号

（3）**常见电阻器的外形**

常见电阻器的外形如图 6.2 所示。

（a）一般电阻　　（b）排阻　　（c）贴片电阻　　（d）光敏电阻

（e）压敏电阻　　（f）线绕电阻　　（g）电位器　　（h）微调电阻

图 6.2　常见电阻器的外形

6.1.2　电阻器性能参数

电阻器用符号 R 表示，最基本的参数是标称阻值、额定功率和误差。

（1）**标称阻值与误差**

标称阻值通常是指电阻器上标注的电阻值。电阻的基本单位是欧姆用"Ω"表示。在实际应用中，还常用千欧（kΩ）、兆欧（MΩ）、吉欧（GΩ）、太欧（TΩ）来表示。它们之间的换算关系是：

$1\ kΩ = 10^3\ Ω, 1\ MΩ = 10^6\ Ω, 1\ GΩ = 10^9\ Ω, 1\ TΩ = 10^{12}\ Ω$

电阻器的标称阻值分 E6、E12、E24、E48、E96、E192 6 个系列。E 代表指数间隔，数字代表有多少个基本数，如 E24 有 24 个基本数，电阻值可为基本数的 10^n，n 可为正整数和负整数。前 5 个系列允许误差分别为 ±20%、±10%、±5%、±2%、±1%；E192 系列是高精度电阻，有 192 个基本数，分为 ±0.5%，±0.2%，±0.1% 3 种精度。

表 6.1   常用 E 系列标称数值

系列	E96								E24	E12	E6
阻值系列	100	133	178	237	316	422	562	750	10	33	10	10
	102	137	182	243	324	432	576	768	11	36	12	15
	105	140	187	249	332	442	590	778	12	39	15	22
	107	143	191	255	340	453	604	806	13	43	18	33
	110	147	196	261	348	464	619	825	15	47	22	47
	113	150	200	267	357	475	634	845	16	51	27	68
	115	154	205	274	365	487	649	866	18	56	33	
	118	158	210	280	374	499	665	887	20	62	39	
	121	162	215	287	383	511	681	909	22	68	47	
	124	165	221	294	392	523	698	931	24	75	56	
	127	169	226	301	402	536	715	953	27	82	68	
	130	174	232	309	412	549	732	976	30	91	82	

（2）额定功率

常用电阻器的额定功率有 1/8、1/4、1/2、1、2、5 W 等,其在电路图中标识方法如图 6.3 所示。

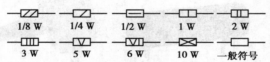

| 1/8 W | 1/4 W | 1/2 W | 1 W | 2 W |
| 3 W | 5 W | 6 W | 10 W | 一般符号 |

图 6.3   电阻功率标识方法

6.1.3   电阻器阻值识别

（1）直标法

直标法是电阻的阻值通过数字或字母数字混合的形式在电阻体上进行标注。如 223,其中 22 表示有效数值,3 表示有效数后的零的个数。因此 223 所代表的阻值为 22 kΩ;再如,1R5 表示 1.5 Ω,R_1 表示 0.1 Ω。

（2）色标法

色标法是用不同颜色的色环涂在电阻器表面表示电阻的标称值和允许误差。常见的有四色环和五色环,四色环电阻的第一、二道色环代表阻值的前两位有效数,第三道色环代表乘数（即零的个数）,第四道色环代表允许偏差。五色环电阻是第一、二、三道色环代表阻值的前 3 位有效数,第四道色环代表乘数（即零的个数）,第五道色环代表允许偏差。色环电阻识别方法如图 6.4 所示。

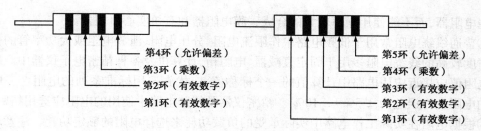

图 6.4　色环电阻识别示意图

表 6.2　四色环电阻表示规则

颜　色	无	银	金	黑	棕	红	橙	黄	绿	蓝	紫	灰	白
第一位有效值				0	1	2	3	4	5	6	7	8	9
第二位有效值				0	1	2	3	4	5	6	7	8	9
第三位倍乘		10^{-2}	10^{-1}	10^{0}	10^{1}	10^{2}	10^{3}	10^{4}	10^{5}	10^{6}	10^{7}	10^{8}	10^{9}
第四位误差/%	±20	±10	±5										

表 6.3　五色环电阻表示规则

颜　色	无	银	金	黑	棕	红	橙	黄	绿	蓝	紫	灰	白
第一位有效值				0	1	2	3	4	5	6	7	8	9
第二位有效值				0	1	2	3	4	5	6	7	8	9
第三位有效值				0	1	2	3	4	5	6	7	8	9
第四位倍乘		10^{-2}	10^{-1}	10^{0}	10^{1}	10^{2}	10^{3}	10^{4}	10^{5}	10^{6}	10^{7}	10^{8}	10^{9}
第五位误差/%	±20	±10	±5		±1	±2			±0.5	±0.25	±0.1	±0.05	

6.1.4　电阻器选用

（1）固定电阻器的应用

①分压。利用串联电阻的分压特性得到所需的电压。

②分流。利用并联电阻的分流特性得到所需的电流。

③限流。如发光二极管、稳压二极管通常需要串联一个电阻进行限流。

④上拉、下拉电阻。数字电路及单片机电路中,很多引脚需要使用上拉、下拉电阻来将不确定的信号钳位在高、低电平,同时起到限流的作用。

⑤负载。利用电阻的耗能特性用作电路的负载。

（2）电阻器的选择

正确选择和使用电子元器件是提高电子整机技术性、稳定性、可靠性、安全性重要条件。选用电阻器时应注意以下几个问题:

①高频电路应选用分布电感和分布电容小的非线绕电阻,例如金属膜电阻器、碳膜电阻器

和线绕电阻器,而不能使用噪声较大的合成碳膜电阻器和有机实心电阻器。

②普通线绕电阻常用于低频电路中作限流电阻、分压电阻、泄放电阻或大功率管的偏压电阻。精度较高的线绕电阻多用于固定衰减器、电阻箱、计算机及各种精密电子仪器中。所选电阻的电阻值应接近应用电路中计算值的一个标称值,应优先选用标准系列的电阻。一般电路使用的电阻允许误差为 ±5%~±10%。精密仪器及特殊电路中使用的电阻应选用精密电阻。

③根据电阻在实际工作电路中实际承受的负载功耗来选择电阻的额定功耗。注意环境温度超出额定环境温度时,参照降功耗曲线,降低使用负载功耗,且电阻的额定功率要符合应用电路中对电阻功率容量的要求,一般不应随意加大或减小电阻的功率,若电路要求是功率型电阻,则其额定功率可高于实际应用电路要求功率的1~2倍。

④根据工作电路的需要选择电阻的精度和标称阻值,标称阻值的选定最好能符合标称阻值系列中的数值。

⑤选择电阻时要注意其元件的极限电压是否满足要求,以免出现元件极限电压的限制而发生击穿。

6.1.5　电阻器的测量与质量判别

(1)电阻器的测量

测量电阻最简单的方法是用万用表来测量,无论用机械式万用表还是数字式万用表都是选用电阻挡进行测量。将万用表的红、黑表笔(不分正负)分别接在电阻两端引脚上即可测出该电阻的实际阻值。测量电阻时应注意以下几点。

①被测电阻应从电路中拆下后再测量,至少应焊开一个引脚使其与电路断开。

②两只手不能同时接触两根表笔的金属杆或被测电阻两根引脚,最好用右手同时持两根表笔。

③使用机械万用表测量电阻之前一定要调零,每一次换挡之后都要重新调零,否则会产生很大的测量误差。

④测量未知阻值范围的电阻,通常将万用表测量挡位置于较小电阻挡,测量观察其读数是否合适,如不合适再向高或低阻值挡位逐步变换、校准、测量,直到读数合适为止。

(2)电阻器的质量判别

电阻器的电阻体引线折断、烧焦等从外观可以看出。电阻器内部损坏或阻值变化较大,可通过万用表欧姆挡来检查。如果用数字万用表测量,仅最高位显示"1"说明电阻器开路;如果显示"000"说明电阻器已经短路;如果显示值与电阻标称值相差很大,说明该电阻器已经损坏。

(3)电位器的质量判别

检查电位器时,首先要转动旋柄,看看旋柄是否平滑,若是带开关的电位器,检查开关是否灵活,开关通、断时"喀哒"声是否清脆,并听一听电位器内部接触点和电阻体摩擦的声音,如有"沙沙"声,说明质量不好。用万用表测试,先根据被测电位器阻值的大小,选择好万用表的合适电阻挡位,然后按下述方法进行检测。

①测量电位器的标称阻值。用万用表的欧姆挡测电位器两固定端("1""3"端),其读数应为电位器的标称阻值。如用万用表测量时表针不动或阻值相差很多,则表明该电位器已损坏。

②检测电位器的活动臂与电阻片的接触是否良好。万用表打在欧姆挡,用两只表笔分别

连接"1""2"(或"2""3")两端,将电位器的转轴柄按逆时针方向旋至最小,这时电阻值应随着触点的位置而变到最小;再顺时针慢慢旋转轴柄,电阻值应逐渐增大,表头中的指针应平稳移动。当轴柄旋至最大时,阻值应接近电位器的标称值。如万用表的指针在电位器的轴柄转动过程中有跳动现象,说明活动触点有接触不良的故障。

6.2　电容器

电容器简称电容,是一种容纳电荷的储能元件,用字母 C 来表示。电容器在电路中多用来滤波、隔直、耦合交流、旁路交流及与电感元件构成振荡电路等,也是电路中应用较多的元件之一。

6.2.1　电容器分类和图形符号

(1)电容器的分类

电容器按容量不同可分为固定电容器和可变电容器,最常用的是固定电容器。固定电容器又可分为无极性电容器和有极性电容器。无极性电容器按材料分为瓷介电容、纸介电容、涤纶电容、云母电容、聚苯乙烯电容等;有极性电容器分为铝电解电容、钽电解电容、铌电解电容等。下面介绍几种常用的电容器。

1)瓷介电容

用陶瓷材料作介质,在陶瓷表面涂覆一层金属(银)薄膜,再经高温烧结后作为电极而成。瓷介电容器又分 1 类电介质(NPO、CCG);2 类电介质(X7R、2X1)和 3 类电介质(Y5V、2F4)瓷介电容器。

1 类瓷介电容器具有温度系数小、稳定性高、损耗低、耐压高等优点,最大容量不超过1 000 pF,常用的有 CC1、CC2 、CC18A、CC11、CCG 等系列,主要应用于高频电路中。2、3 类瓷介电容器其特点是材料的介电系数高,容量大(最大可达 0.47 μF)、体积小、损耗和绝缘性能较 1 类的差,广泛应用于中、低频电路中作隔直、耦合、旁路和滤波等电容器使用,常用的有CT1、CT2、CT3 这 3 种系列。

2)涤纶电容

涤纶电容器是用有极性聚酯薄膜为介质制成的具有正温度系数(即温度升高时,电容量变大)的无极性电容。具有耐高温、耐高压、耐潮湿、价格低等优点,一般应用于中、低频电路中,常用的型号有 CL11、CL21 等系列。

3)聚苯乙烯电容

聚苯乙烯电容有箔式和金属化式两种类型。箔式聚苯乙烯电容具有绝缘电阻大,介质损耗小,容量稳定,精度高,但体积大,耐热性较差等特点;金属化式聚苯乙烯电容具有防潮性和稳定性较箔式好,且击穿后能自愈,但绝缘电阻偏低,高频特性差等特点。一般应用于中、高频电路中。常用的型号有 CB10、CB11(非密封箔式)、CB14~16(精密型)、CB24、CB25(非密封型金属化)、CB80(高压型)、CB40 (密封型金属化)等系列。

4)云母电容器

云母电容器是采用云母作为介质,在云母表面喷一层金属膜(银)作为电极,按需要的容量叠片后经浸渍压塑在胶木壳(或陶瓷、塑料外壳)内构成。具有稳定性好、分布电感小、精度高、损耗小、绝缘电阻大、温度特性及频率特性好、工作电压高(50 V~7 kV)等优点。一般在高频电路中作信号耦合、旁路、调谐等使用,常用的有 CY、CYZ、CYRX 等系列。

5)纸介电容器

纸介电容器是用较薄的电容器专用纸作为介质,用铝箔或铅箔作为电极,经卷绕成型、浸渍后封装而成。具有电容量大(100 pF~100 μF)、工作电压范围宽,最高耐压值可达 6.3 kV 等优点。缺点是体积大、容量精度低、损耗大、稳定性较差。常见有 CZ11、CZ30、CZ31、CZ32、CZ40、CZ80 等系列。

6)金属化纸介电容器

金属化纸介电容器采用真空蒸发技术,在涂有漆膜的纸上再蒸镀一层金属膜作为电极而成。与普通纸介电容相比,具有体积小、容量大、击穿后能自愈等优点,常见有 CJ10、CJ11 等系列。

7)铝电解电容器

铝电解电容器是将附有氧化膜的铝箔(正极)和浸有电解液的衬垫纸,与阴极(负极)箔叠片一起卷绕而成。外型封装有管式、立式,并在铝壳外有蓝色或黑色塑料套。容量范围大(一般为 1~10 000 μF),额定工作电压范围为 6.3 ~450 V。但具有介质损耗、容量误差大(最大允许偏差+100% ~ - 20%)、耐高温性较差、存放时间长容易失效等缺点。通常在直流电源电路或中、低频电路中起滤波、退耦、信号耦合及时间常数设定、隔直流等作用。在直流电源中作滤波电容使用时极性不能接反。

(2)**电容器的图形符号**

电容器的图形符号如图 6.5 所示。

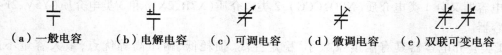

(a)一般电容　　　(b)电解电容　　　(c)可调电容　　　(d)微调电容　　　(e)双联可变电容

图 6.5　电容器的图形符号

(3)**常见电容器的外形**

常见电容器的外形如图 6.6 所示。

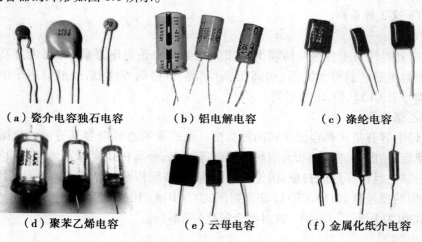

(a)瓷介电容独石电容　　　(b)铝电解电容　　　(c)涤纶电容

(d)聚苯乙烯电容　　　(e)云母电容　　　(f)金属化纸介电容

图 6.6　常见电容器的外形

6.2.2　电容器的识别

（1）电容器的型号命名

各国电容器的型号命名很不统一，国产电容器的命名由 4 部分组成。第一部分用字母表示主称，电容器为 C；第二部分用字母表示材料；第三部分用字母和数字表示特征分类；第四部分用数字表示产品序号，各部分意义详见表 6.4。

表 6.4　电容器型号命名规则

第一部分：主称		第二部分：介质材料		第三部分：类别					第四部分：序号
字母	含义	字母	含义	数字或字母	瓷介电容器	云母电容器	有机电容器	电解电容器	
C	电容器	A	钽电解	1	圆形	非密封	非密封	箔式	用数字表示序号，以区别电容器的外形尺寸及性能指标
		B	聚苯乙烯等非极性有机薄膜（常在"B"后再加一字母以区分具体材料）	2	管形	非密封	非密封	箔式	
				3	叠片	密封	密封	烧结粉，非固体	
		C	高频陶瓷	4	独石	密封	密封	烧结粉，非固体	
		D	铝电解	5	穿心		穿心		
		E	其他材料电解	6	支柱等				
		G	合金电解	7				无极性	
		H	纸膜复合	8	高压	高压	高压		
		I	玻璃釉	9			特殊	特殊	
		J	金属化纸介	G	高功率型				
		L	涤纶等极性有机薄膜（常在"L"后再加一字母以区分具体材料）	T	叠片式				
		N	铌电解	W	微调型				
		O	玻璃膜						
		Q	漆膜	J	金属化型				
		T	低频陶瓷						
		V	云母纸	Y	高压型				
		Y	云母						
		Z	纸介						

（2）电容的标注方法

①直标法：用字母和数字将型号、规格直接标在外壳上。

②文字符号法：用数字、文字符号有规律的组合来表示容量。文字符号表示其电容量的单位：pF、nF、μF、mF、F 等，和电阻的表示方法相同。标称允许偏差也和电阻的表示方法相同，小于 10 pF 的电容，其允许偏差用字母代替：B(±0.1 pF)、C(±0.2 pF)、D(±0.5 pF)、F(±1 pF)。

③色标法：和电阻的表示方法相同，单位一般为 pF。小型电解电容器的耐压也有用色标法的，位置靠近正极引出线的根部。黑、棕、红、橙、黄、绿、蓝、紫、灰 9 种颜色分别代表耐压值为 4、6.3、10、16、25、32、40、50、63 V。

④数学计数法：数学计数法和电阻的表示方法类似，这种方法所表示的单位为"pF"，如标值为 223 的电容器，其容量为 0.022 μF，计算方法为 $22×10^3 pF = 0.022 μF$。

6.2.3　电容器主要参数

（1）标称容量和允许偏差

电容器的容量单位为法，用 F 表示。由于法单位很大，常用毫法（mF）、微法（μF）、纳法（nF）和皮法（pF）作单位，其换算关系是：

$$1 F = 10^3 mF = 10^6 μF = 10^9 nF = 10^{12} pF$$

电容器的容量偏差分别用 D(±0.5%)、F(±1%)、G(±2%)、K(±10%)、M(±20%) 和 N(±30%) 表示。

（2）耐压

耐压是电容器的主要参数，表示电容器在电路中能够长期稳定、可靠工作所承受的最高直流电压，一般直接标注在电容器的外壳上，但体积很小的小容量电容不标注耐压值。如果工作电压超过电容器的耐压，电容器将被击穿，造成不可修复的永久损坏。

无极性电容的耐压值有：63、100、160、250、400、600、1 000 V 等。

有极性电容的耐压值有：（与无极性电容相比要低）4、6.3、10、16、25、35、50、63、80、100、220、400 V 等。

（3）绝缘电阻

电容的绝缘电阻又称漏电阻，是指电容器两极之间的电阻。绝缘电阻的大小决定于电容器介质性能的好坏，绝缘电阻越大越好。

（4）温度系数

温度系数是指电容在一定温度范围内，温度每变化 1 ℃，电容量的相对变化值，温度系数越小越好。

（5）损耗

电容的损耗是指在电场的作用下，电容器在单位时间内发热而消耗的能量。这些损耗主要来自介质损耗和金属损耗。通常用损耗角正切值来表示，即在电容器的等效电路中，串联等效电阻 ESR 同容抗 X_c 之比称之为 $\tan δ$，这里的 ESR 是在 120 Hz 下计算获得的值。显然，$\tan δ$ 随着测量频率的增加而变大，随测量温度的下降而增大。

（6）频率特性

电容的频率特性是指电容器的电参数随电场频率而变化的性质。在高频条件下工作的电容器由于介电常数在高频时比低频时小，电容量也相应减小，损耗也随频率的升高而增加。另外,在高频工作时,电容器的分布参数,如极片电阻、引线和极片间的电阻、极片的自身电感、引线电感等,都会影响电容器的性能。所有这些,使得电容器的使用频率受到限制。

6.2.4　电容器选用

(1)选择合适的型号

一般在电路中用于低频耦合、旁路去耦等,电气性能要求不严格时可以采用纸介电容器、电解电容器等。低频放大器的耦合电容,选用 $1\sim22$ μF 的电解电容器;旁路电容根据电路工作频率来选,如在低频电路中,发射极旁路电容选用电解电容器,容量为 $10\sim220$ μF,在中频电路中可选用 $0.01\sim0.1$ μF 的纸介、金属化纸介、有机薄膜电容器等;在高频电路中,则应选用云母电容器和瓷介电容器;在电源滤波和退耦电路中,可选用电解电容器,因为在这些场合中对电容器的要求不高,只要体积允许、容量足够就可以。

(2)合理选择电容器的精度

在旁路、退耦、低频耦合电路中,一般对电容器的精度没有很严格的要求,选用时可根据设计值,选用相近容量或容量略大些的电容器。但在另一些电路中,如振荡回路、延时回路、音调控制电路中,电容器的容量就应尽可能和计算值一致。在各种滤波器和各种网络中,对电容量的精度有更高要求,应选用高精度的电容器来满足电路的要求。

(3)确定电容器的额定工作电压

电容器的额定工作电压应高于实际工作电压,并留有足够余量,以防因电压波动而导致损坏。一般而言,应使工作电压低于电容器的额定工作电压的 $10\%\sim20\%$。在某些电路中,电压波动幅度较大,可留有更大的余量。电容器的额定工作电压通常是指直流值。如果直流中含有脉动成分,该脉动直流的最大值应不超过额定值;如果工作于交流,此交流电压的最大值应不超过额定值。

有极性的电容器不能用于交流电源电路,电解电容器的耐温性能很差,如果工作电压超过允许值,介质损耗将增大,很容易导致温升过高,最终导致损坏。一般说来,电容器工作时只允许出现较低温升,否则属于不正常现象。因此,在设备安装时,应尽量远离发热元件(如大功率管、变压器等)。如果工作环境温度较高,则应降低工作电压使用。

一般小容量的电容器介质损耗很小,耐温性能和稳定性都比较好,但电路对它们的要求往往也比较高,因此选择额定工作电压时仍应留有一定的余量,也要注意环境工作温度的影响。

(4)尽量选用绝缘电阻大的电容器

绝缘电阻越小的电容器,其漏电流就越大,漏电流不仅损耗了电路中的电能,重要的是它会导致电路工作失常或降低电路的性能。漏电流产生的功率损耗会使电容器发热,而其温度升高,又会产生更大的漏电流,如此循环,极易损坏电容器。因此在选用电容器时,应选择绝缘电阻足够高的电容器,特别是高温和高压条件下使用的电容器更是如此。另外,作为电桥电路中的桥臂、运算元件等场合,绝缘电阻的高低将影响测量、运算等的精度,必须采用高绝缘电阻值的电容器。电容器的损耗在许多场合也直接影响到电路的性能,在滤波器,中频回路、振荡回路等电路中,要求损耗尽可能小,这样可以提高回路的品质因数,改善电路的性能。

(5)考虑温度系数和频率特性

电容器的温度系数越大,其容量随温度的变化越大,这在很多电路是不允许的。例如振荡电路中的振荡回路元件、移相网络元件、滤波器等,温度系数大,会使电路产生漂移,造成电路工作的不稳定。这些场合应选用温度系数小的电容器,以确保其能稳定工作。

另外在高频应用时,由于电容器自身电感、引线电感和高频损耗的影响,电容器的性能会变差。频率特性差的电容器不仅不能发挥其应有的作用,而且还会带来许多麻烦。例如,纸介电容器的分布电感会使高频放大器产生超高频寄生反馈,使电路不能工作。所以选用高频电路的电容器时,一要注意电容器的频率参数;二是使用中注意电容器的引线不能留得过长,以减小引线电感对电路的不良因影响。

(6)注意使用环境

使用环境的好坏,直接影响电容器的性能和寿命。在工作温度较高的环境中,电容器容易产生漏电并加速老化,因此在设计和安装时,应尽可能使用温度系数小的电容器,并远离热源和改善机内通风散热,必要时,应强迫风冷。在寒冷条件下,由于气温很低,普通电解电容器会因电解液结冰而失效,使设备工作失常,因此必须使用耐寒的电解电容器。在多风沙条件下或在湿度较大的环境下工作时,则应选用密封型电容器,以提高设备的防尘抗潮性能。

6.2.5 电容器的检测

(1)固定电容器的检测

1)检测 0.01 μF 以下的小电容

容量小于 0.01 μF 的电容器,可选用万用表 R×10 kΩ 挡,用两表笔分别任意接电容的两个引脚,由于充电电流极小,只能在仔细观察时,见表针略微抖动,几乎看不出表针向右偏转,因此只能检测其是否短路。

2)检测 0.01~1 μF 的电容

对于 0.01~1 μF 以上的固定电容,可用万用表的 R×10 kΩ 挡直接测试电容器有无充电过程以及有无内部短路或漏电,并可根据指针向右摆动的幅度大小估计出电容器的容量。

3)检测 1 μF 以上的电容

应针对不同容量选用合适的量程。一般情况下,1~100 μF 间的电容,可用 R×1 kΩ 挡测量,大于 100 μF 的电容可用 R×100 kΩ 挡测量。将万用表两表笔分别与电容器的两引线连接,在刚接触的瞬间,指针即向右偏转,接着逐渐向左返回,交换两表笔后,表针应重复上述过程。电容量越大,表针向右偏转就越大,向左返回就越慢。向左返回停在某一位置,此时的阻值便是电容器的漏电阻,漏电阻一般应在几百千欧以上,否则,说明该电容器绝缘电阻太小,漏电流较大,将不能正常工作。

在测试中,若正向、反向均无充电的现象,即表针不动,则说明容量消失或内部断路;如果所测阻值很小或为零,说明电容漏电大或已击穿损坏,不能再使用。

4)测量正、负极标志不明的电解电容器

可利用上述测量漏电阻的方法加以判别。即先任意测一下漏电阻,记住其大小,然后交换表笔再测出一个阻值。两次测量中阻值大的一次黑表笔接的是正极,红表笔接的是负极。

(2)可变电容器的检测

将万用表置于 R×1 kΩ 挡或 R×10 kΩ 挡,将两个表笔分别接可变电容器的动片和定片的引出端,然后来回旋转可变电容器的转轴,万用表指针都应在无穷大位置不动。在旋动转轴的过程中,如果指针有时指向零,说明动片和定片之间存在短路点;如果指针停到某一位置,万用表读数不为无穷大而是出现一定阻值,说明可变电容器动片与定片之间存在漏电现象。

6.3 电感器和变压器

凡能产生电感作用的器件统称为电感器。电感器通常分为两大类:一类是应用自感作用的电感线圈;另一类是应用互感作用的变压器。电感器和变压器都是利用电磁感应原理制成的器件。电感器用字母"L"来表示,具有"通直流阻交流"的特性。电感器在电路中主要起滤波、振荡、延迟、陷波等作用,还有筛选信号、过滤噪声、稳定电流及抑制电磁波干扰等作用。变压器一般用字母"T"来表示,可以传递交流信号,并实现电压的升、降。

6.3.1 电感器和变压器的分类

（1）电感器的分类

①按电感形式分为:固定电感、可变电感。
②按导磁体性质分为:空芯线圈、磁芯线圈、铁芯线圈、铜芯线圈。
③按工作性质分为:天线线圈、振荡线圈、扼流线圈、陷波线圈、偏转线圈。
④按绕线结构分为:单层线圈、多层线圈、蜂房式线圈。

1)空芯电感器

空芯电感器是用导线绕制在纸筒、塑料筒上组成的线圈或脱胎而成的线圈,中间没有磁芯或铁芯,故电感量很小,通过增减匝数或调节匝距来调节电感量,一般用在高频电路中。

2)磁芯电感器

磁芯电感器是用导线在磁芯上绕制成线圈或在空芯线圈中插入磁芯组成的线圈,通过调节磁芯在线圈中的位置来调节电感量。磁芯电感器常应用于工作频率较高的电路中。

3)铁芯电感器

在空芯电感器中插入硅钢片组成铁芯电感器,电感量大,一般为数亨,常称为低频扼流圈。其作用是阻止残余交流电通过,而让直流电通过。常用于音频或电源滤波等工作频率较低的电路中,如扩音机电源电路。

4)色码电感器

色码电感器是用漆包线绕制在磁芯上,再用环氧树脂封装起来,外壳标以色环(单位 μH)或直接由数字标明电感量。色码电感器一般工作频率为 19 ~ 200 kHz,电感范围 0.1 ~ 33 000 μH,额定工作电流 0.05 ~ 1.6 A。主要用在滤波、振荡、陷波和延迟电路中。高频小型电感器采用镍锌铁氧体材料磁芯,低频小型电感器采用锰镍铁氧体材料磁芯。

（2）变压器的分类

变压器一般由线圈、铁(磁)芯和骨架等组成,变压器接电源的线圈称初级,其余均为次级。当初级加上交流电压时,在铁芯中产生交变磁场,由于铁芯的耦合作用,在次级中产生感应电压,在电路中可以起到电压变换和阻抗变换的作用。变压器可以根据其工作频率、用途及铁芯形状等进行分类。

1)按工作频率分类

变压器按工作频率可分为高频变压器、中频变压器和低频变压器。

①低频变压器可分为音频变压器(20 Hz ~ 20 kHz)和电源变压器(50 Hz)。

②中频变压器又称中周,属于可调磁芯变压器。由屏蔽罩、磁帽、"工"字形磁芯、尼龙支架组成。工作于收音机或电视机的中频放大电路中;其不仅具有普通变压器变换电压、阻抗的特性,还具有谐振于某一特定频率(465 kHz)的特性(选频作用)。调节磁芯,改变线圈的电感量,即可改变中频信号的灵敏度、选择性及通频带。

③高频变压器一般在收音机中作天线线圈和电视机中作天线的阻抗变换器。

2)按用途分类

变压器按其用途可分为电源变压器、音频变压器、中频变压器、高频变压器、脉冲变压器、恒压变压器、耦合变压器、自耦变压器、隔离变压器等多种。

3)按铁芯(或磁芯)形状分类

变压器按铁芯(磁芯)形状可分为"E"型变压器、"C"型变压器和环型变压器。

6.3.2 电感器和变压器的图形符号

(1)电感器的图形符号

电感器的图形符号如图6.7所示。

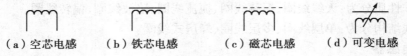

(a)空芯电感   (b)铁芯电感   (c)磁芯电感   (d)可变电感

图6.7 电感器的图形符号

(2)变压器的图形符号

变压器的图形符号如图6.8所示。

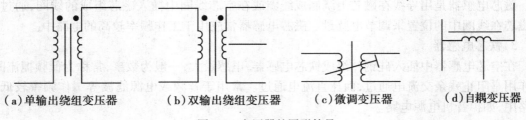

(a)单输出绕组变压器   (b)双输出绕组变压器   (c)微调变压器   (d)自耦变压器

图6.8 变压器的图形符号

6.3.3 常见电感器和变压器的外形

(1)常见电感器外形

常见电感器外形如图6.9所示。

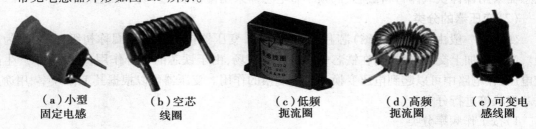

(a)小型
固定电感   (b)空芯
线圈   (c)低频
扼流圈   (d)高频
扼流圈   (e)可变电
感线圈

图6.9 常见电感器外形

（2）常见变压器外形

常见变压器外形如图 6.10 所示。

（a）电源变压器　　　（b）音频变压器　　　（c）中频变压器　　　（d）脉冲变压器　　　（e）自耦变压器

图 6.10　常见变压器外形

6.3.4　电感器和变压器的主要性能指标

（1）电感器的主要技术参数

电感线圈的主要技术参数有电感量及允许误差、额定电流、品质因数（Q 值）、分布电容等。

1）电感量

电感量也称自感系数，其反应电感储存磁场能的本领，它的大小与电感线圈的匝数、绕制方式、有无磁芯（铁芯）、磁芯的导磁率等有关。在同等条件下，匝数越多电感量越大，线圈直径越大电感量越大，有磁芯比没磁芯电感量大。用于高频电路的电感量相对较小，用于低频电路的电感量相对较大。电感量的单位为亨（H），常用的单位还有毫亨（mH）、微亨（μH）。其换算关系是：

$$1\ H = 1\ 000\ mH；1\ mH = 1\ 000\ μH$$

2）允许误差

允许误差是指电感量实际值与标称值之差除以标称值所得的百分数。一般用于振荡或滤波等电路中的电感器要求精度较高，允许误差通常为±0.2%～±0.5%；用于耦合、高频扼流等线圈的精度要求不高，允许误差一般为±10%～±15%。

3）额定电流

额定电流是指电感器正常工作所允许通过的最大电流，其大小与绕制线圈的线径粗细有关。常以字母 A、B、C、D、E 来分别表示标称电流值 50、150、300、700、1 600 mA，应用时实际通过电感器的电流不宜超过额定电流值。

4）品质因数

品质因数也称为 Q 值，是指电感器在某一频率的交流电压下工作时，所呈现的感抗与其等效损耗电阻的比值。Q 值越高，电路的损耗越小，效率越高。Q 值与导线的直流电阻，骨架的介质损耗，屏蔽罩或铁芯引起的损耗，高频趋肤效应的影响等因素有关。在调谐回路中，要求 Q 值较高，以减小与线圈回路的损耗；在滤波回路中，Q 值不宜过高，以免使其与滤波电容构成谐振回路，对电路产生影响，对于高频扼流圈和低频扼流圈不做要求。采用磁芯线圈，多股粗线圈均可提高线圈的 Q 值。

5）分布电容

分布电容是指线圈匝与匝之间、线圈与屏蔽罩间、线圈与底板间客观存在的寄生电容，主要与电感器的结构和绕线方式有关。其降低了线圈的品质因数 Q ，也使线圈的工作频率受到限制。可采用减小线圈骨架直径、细导线绕制、蜂房式或分段式绕法来减少分布电容。

（2）变压器的主要参数

变压器的主要参数有变压比、额定功率、效率、空载电流及绝缘电阻等。

1）变压比 n

变压比是指变压器一、二次绕组电压比,如果忽略铁芯、线圈的损耗,此值近似等于一、二次绕组的匝数比。这个参数表明了该变压器是升压变压器还是降压变压器,升压变压器 $n<1$,降压变压器 $n>1$。

$$n = \frac{V_1}{V_2} = \frac{N_1}{N_2}$$

2）额定功率

额定功率是变压器在指定频率和电压下能长期连续工作,而不超过规定温升时次级输出的功率,用伏安表示,习惯称瓦或千瓦。

3）效率

效率是输出功率与输入功率之比,与设计参数、材料、制造工艺及功率有关。通常 20 VA 以下效率为 70%~80%,而 100 VA 以上效率可达 95% 以上。一般电源、音频变压器考虑效率,中频、高频变压器不考虑效率。

4）空载电流

变压器在工作电压下次级空载或开路时,初级线圈流过的电流称为空载电流。一般不超过额定电流的 10%。

5）绝缘电阻和抗电强度

绝缘电阻表示变压器线圈之间、线圈与铁芯之间以及引线之间的绝缘性能。抗电强度指变压器在规定时间内(如 1 min)可承受的电压。绝缘电阻是变压器,特别是电源变压器安全工作的重要参数。常用的小型电源变压器绝缘电阻不小于 500 MΩ,抗电强度大于 2 000 V。

6.3.5　电感器和变压器的识别与选用

（1）电感器的识别与选用

1）电感器的型号命名

电感器的型号命名由 4 部分组成。第一部分用字母"L(ZL)"表示电感器的主称,其中"L"表示电感线圈,"ZL"表示阻流圈;第二部分用字母表示电感器的特征;第三部分用字母表示电感器的类型;第四部分用字母表示区别代号,电感器的型号命名如图 6.11 所示。

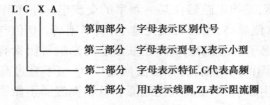

图 6.11　电感器的型号命名示意图

2）电感器的标示方法

体积较大的电感线圈,其电感量及额定电流均在外壳上标出,小型高频电感线圈用色环表示电感量。

①直标法。直标法是将电感的标称电感量用数字和文字符号直接标在电感体上,电感量单位后面的字母表示偏差,如图 6.12 所示。

图 6.12 常见电感器的直标表示法

②文字符号法。文字符号法是将电感的标称值和偏差值用数字和文字符号法按一定的规律组合标示在电感体上。采用文字符号法表示的电感通常是一些小功率电感,单位通常为 nH 或 μH。用 μH 做单位时,"R"表示小数点;用"nH"做单位时,"N"表示小数点,如图 6.13 所示。

图 6.13 常见电感器的文字符号表示法

③色标法。色标法是在电感表面涂上不同的色环来代表电感量(与电阻类似),通常用 3 个或 4 个色环表示。在识别色环时,紧靠电感体一端的色环为第一环,露出电感体本色较多的另一端为末环,如图 6.14 所示。注意:用这种方法读出的色环电感量,默认单位为微亨(μH)。

图 6.14 常见色环电感的外形

3)电感器的选用

市场上电感器的种类很多,各种电感器的质量和性能都存在一定的差别,在选用时需要注意下述几个原则。

①根据工作频率选择线圈导线。工作于低频段的电感线圈,一般采用漆包线等带绝缘的导线绕制;工作频率高于几十千赫兹而低于 2 MHz 的电路中,采用多股绝缘的导线绕制线圈;在频率高于 2 MHz 的电路中,电感线圈应采用单根粗导线绕制,导线的直径一般为 0.3~1.5 mm,不宜选用多股导线绕制,因为多股绝缘线在频率很高时,线圈绝缘介质将引起额外的损耗,其效果反不如单根导线好。

②选择优质骨架减少介质损耗。在频率较高的场合,如短波波段,因为普通线圈骨架的介质损耗显著增加,因此,应选用高频介质材料,如高频瓷、聚四氟乙烯、聚苯乙烯等作为骨架,并采用间绕法绕制。

③合理选择屏蔽罩的直径。用屏蔽罩会增加线圈的损耗,使 Q 值降低,因此屏蔽罩的尺寸不宜过小,然而屏蔽罩的尺寸过大会使体积增大,因此要选定合理的屏蔽罩直径尺寸。

④采用磁芯可使线圈圈数显著减少。线圈中采用磁芯减少了线圈的圈数,不仅减小线圈的电阻值,有利于 Q 值的提高,而且缩小了线圈的体积。

⑤合理选择线圈直径减小损耗。在可能的情况下,线圈直径如果选得大一些,有利于减小线圈的损耗。一般接收机,单层线圈直径取 12~30 mm,多层线圈取 6~13 mm,但从体积考虑,不宜超过 20~25 mm。

⑥减小绕制线圈的分布电容。尽量采用无骨架方式绕制线圈,或者绕制在凸筋式骨架上的线圈,能减少分布电容 15%~20%;分段绕法能减少多层线圈的分布电容的 1/3~1/2。对于多层线圈来说,直径越小、绕组长度越小或绕组厚度越大,则分布电容越小。应当指出的是,经过浸渍和封涂后的线圈,其分布电容将增大 20%~30%。

(2)变压器的识别与选用

1)变压器的型号命名

①普通低频变压器。普通低频变压器型号的名称通常由 3 部分组成。

第一部分:主称,用字母表示。DB 表示电源变压器;CB 表示音频输出变压器;RB 或 JB 表示音频输入变压器;GB 表示高压变压器;HB 表示灯丝变压器;SB 或 ZB 表示音频输送变压器;KB 表示开关变压器。

第二部分:额定功率,用数字表示,单位用伏安(VA)表示。

第三部分:序号,用数字表示。

②中频变压器(收音机中的)。中频变压器的型号也由 3 部分组成:

第一部分:主称,用几个字母组合表示名称、特征、用途。T 表示中频变压器,L 表示线圈或振荡线圈,T 表示磁性瓷芯式,F 表示调幅收音机用,S 表示短波段。

第二部分:外形尺寸,用数字表示。

第三部分:序号,用数字表示。"1"表示第一中放电路用中频变压器,"2"表示第二中放电路用中频变压器,"3"表示第三中放电路用中频变压器。

2)变压器的选用

变压器的种类非常多,可根据用途及电路要求选用合适的变压器。

①电源变压器。各种电子设备中都采用交流 220 V 供电,其内部的各部分电路多采用不同电压的直流电工作。通过电源变压器将 220 V 交流电变成所需要的不同数值的交流电压,再进行整流、滤波、稳压等变成电流电压,供给设备中的各部分电路。选用电源变压器时,要与负载电路相匹配,电源变压器应留有功率余量(即输出功率略大于负载电路的最大功率)。一般的电源电路采用 E 型铁芯,高保真音频功放的电源电路应选 C 型变压器或环形变压器。

②音频变压器。在放大电路中,音频变压器的主要作用是耦合、倒相、阻抗匹配等。其中输入变压器是接在放大器的低放和功放之间的耦合变压器;输出变压器是接在放大器输出端和负载之间的变压器。

③中频变压器。中频变压器是超外差式收音机和电视接收机的中频放大电路中的重要元器件,也称为中周。它对收音机的灵敏度、选择性和电视机的图像清晰度等技术指标都有很大影响。中频变压器有固定的谐振频率,调幅收音机的中频变压器不能与调频收音机的中频变压器互换,同一收音机的中频变压器顺序不能装错,也不能随意调换。电视机中伴音中频变压器与图像中频变压器不能互换,选用时应选同型号、同规格的中频变压器,否则很难正常工作。

6.3.6   电感器和变压器的检测

(1)电感器的检测

1)外观检查

检测电感时先进行外观检查,看线圈有无断线、生锈、发霉、松散、烧焦,引脚有无折断等现象。若有上述现象,则表明电感已损坏。

2)万用表电阻法检测

用万用表的欧姆挡测线圈的直流电阻。电感的直流电阻值一般很小,匝数多、线径细的线圈能达几十欧;对于有抽头的线圈,各引脚之间的阻值均很小,仅有几欧姆左右。若用万用表 R×1 或 R×10 挡测线圈的直流电阻,阻值无穷大说明线圈(或与引出线间)已经开路损坏;阻值比正常值小很多,则说明有局部短路;阻值为零,说明线圈完全短路。

(2)变压器的检测

1)气味判断

在严重短路性损坏的情况下,变压器会冒烟,并会散发出高温烧绝缘漆、绝缘纸等的气味。因此,只要能闻到绝缘漆烧焦的味道,就表明变压器正在烧毁或已烧毁。

2)外观检查

用眼睛或借助放大镜,仔细查看变压器的外观,看其是否引脚断路、接触不良;包装是否损坏,骨架是否良好;铁芯是否松动等。

3)变压器绝缘性能的检测

变压器绝缘性能检测可用指针式万用表的 R×10 kΩ 挡作简易测量。分别测量变压器铁芯与初级、初级与各次级、铁芯与各次级、静电屏蔽层与初次级、次级各绕组间的电阻值,万用表的指针应指在无穷大处不动或阻值应大于 100 MΩ,否则,说明变压器绝缘性能不良。

4)变压器线圈通、断的检测

变压器绕组的直流电阻很小,用万用表的 R×1 Ω 挡检测可判断绕组有无短路或断路情况。一般情况下,电源变压器(降压式)初级绕组的直流电阻多为几十至上百欧,次级直流电阻多为零点几至几欧。将万用表置于 R×1 Ω 挡检测线圈绕组两个接线端子之间的电阻值,若某个绕组的电阻值为无穷大,则说明该绕组有断路性故障。当变压器短路严重时,短时间通电外壳就会有烫手的感觉。

5)电源变压器初、次线圈判别

电源变压器(降压式)初级引脚和次级引脚一般都是分别从两侧引出的,并且初级绕组多标有 220 V 字样,次级绕组则标出额定电压值,如 12、15、24 V 等。再根据这些标记进行识别。

电源变压器(降压式)初级线圈和次级线圈的线径是不同的。初级线圈是高压侧,线圈匝数多,线径细;次级线圈是低压侧,线圈匝数少,线径粗。因此根据线径的粗细可判别电源变压器的初、次级线圈。具体方法是观察电源变压器的绕组线圈,线径粗的线圈是次级线圈,线径细的线圈是初级线圈。

电源变压器有时没有标初次级字样,并且绕组线圈包裹比较严密,无法看到线圈线径粗细,这时就需要通过万用表来判别初、次级线圈。使用万用表测电源变压器线圈的直流电阻可以判别初、次级线圈。初级线圈(高压侧)由于线圈匝数多,直流电阻相对大一些,次级线圈

（低压侧）线圈匝数少，直流电阻相对小一些。故而，也可根据其直流电阻值及线径来判断初级、次级。

6）各绕组同名端的判别

在使用变压器时，有时为了得到所需电压，可将两个或多个次级绕组串联起来，参加串联的各绕组的同名端必须正确连接不能接错，否则变压器不能正常工作。因此需要判别各绕组的同名端。

各绕组同名端的判别如图6.15所示。以测试次级的绕组A为例，万用表打在直流电压2.5 V挡，假定电池正极接变压器初级线圈a端，负极接b端，万用表的红笔接c端，黑表笔接d端。当开关S接通的瞬间，变压器初级线圈的电流变化，将引起铁芯的磁通量发生变化，根据电磁感应原理，次级线圈将产生感应电压，此感应电压使接在次级线圈两端的万用表的指针迅速摆动后又返回零位，因此观察指针的摆动方向就能判断出变压器各绕组的同名端，若指针向右摆，说明a与c为同名端，b与d同名端，反之向左摆，说明a与d是同名端。

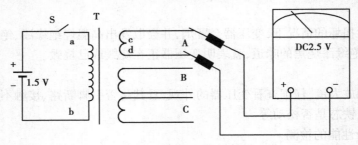

图6.15　变压器同名端的判别

6.4　晶体二极管

晶体二极管简称二极管，是电子电路中重要的半导体器件之一。晶体二极管由一个PN结构成，具有单向导电性。

6.4.1　晶体二极管的分类和图形符号

（1）晶体二极管的分类

①按所用材料可分为：锗二极管、硅二极管。

②按制作工艺可分为：面接触二极管和点接触二极管。

③按封装形式分为：引脚式、贴片式、常规封装、特殊封装等。

④按用途可分为：整流二极管、检波二极管、稳压二极管、变容二极管、光电二极管、发光二极管、开关二极管、快速恢复二极管等。

（2）晶体二极管的符号和外形

1）晶体二极管的符号

晶体二极管的文字符号一般为"D"或"VD"，电路图形符号如图6.16所示。

（a）普通　　　（b）稳压　　　（c）发光　　　（d）光电　　　（e）变容
　二极管　　　　二极管　　　　二极管　　　　二极管　　　　二极管

图 6.16　晶体二极管的图形符号

2）晶体二极管的外形

晶体二极管的外形如图 6.17 所示。

（a）整流二极管　　（b）稳压二极管　　（c）发光二极管　　（d）变容 二极管　　（e）光电二极管

图 6.17　晶体二极管的外形

6.4.2　晶体二极管的主要技术参数

（1）**最大整流电流 I_{FM}**

最大整流电流 I_{FM} 是指二极管长期工作时允许通过的最大正向平均电流值。因为电流通过管子时会使管芯发热，温度上升，二极管在使用中不应超过这个数值，否则会使管芯过热而损坏。

（2）**最高反向工作电压 V_{RM}**

最高反向工作电压 V_{RM} 是指二极管在不击穿的情况下所能承受的最高反向电压。超过此值二极管可能被击穿损坏，失去单向导电能力。V_{RM} 通常为反向击穿电压的 1/2～2/3。

（3）**反向电流 I_R**

反向电流 I_R 是指二极管在规定的温度承受最高反向电压时的反向漏电电流。反向电流越小，管子的单向导电性能越好。反向电流与温度密切相关，温度每升高大约 10 ℃，反向电流增大 1 倍。硅二极管比锗二极管在高温下具有更好的稳定性。

（4）**最高工作频率 f_M**

最高工作频率 f_M 是指二极管正常工作时允许通过的交流信号最高频率。若是超过此值，则单向导电性将受影响。f_M 的大小由二极管的结电容决定，结电容越小，工作频率越高。

6.4.3　二极管的型号命名

（1）**国产半导体器件的命名方法**

国产二极管和三极管的型号命名通常根据国家标准 GB/T 249—1989 规定，由 5 部分组成。第一部分用数字表示器件电极的数目；第二部分用汉语拼音字母表示器件材料和极性；第三部分用汉语拼音字母表示器件的类型；第四部分用阿拉伯数字表示器件序号；第五部分用汉语拼音字母表示规格号，命名方法见表 6.5。

表 6.5　国产半导体器件型号的命名方法

第一部分		第二部分		第三部分				第四部分	第五部分
用数字表示器件电极数目		用字母表示器件的材料和极性		用汉语拼音字母表示器件的类型				用数字表示器件的序号	汉语拼音字母表示规格号
符号	意义	符号	意义	符号	意义	符号	意义		
2	二极管	A	N 型锗材料	P	普通管	D	低频大功率管		
		B	P 型锗材料	V	微波管	A	高频大功率管		
		C	N 型硅材料	W	稳压管	T	半导体闸流管		
		D	P 型硅材料	C	参量管	X	低频小功率管		
				Z	整流管	G	高频小功率管		
3	三极管	A	PNP 型锗材料	L	整流堆	J	阶跃恢复管		
		B	NPN 型锗材料	S	隧道管	CS	场效应管*		
		C	PNP 型硅材料	N	阻尼管	BT	特殊器件*		
		D	NPN 型硅材料	U	光电器件	FH	复合管*		
		E	化合物材料	K	开关管	PIN	PIN 管*		
				B	雪崩管	JG	激光器件*		
				Y	体效应管				
备注	(1) 低频小功率管指截止频率<3 MHz、耗散功率<1 W,高频小功率管指截止频率≥3 MHz、耗散功率<1 W,低频大功率管指截止频率<3 MHz、耗散功率≥1 W,高频大功率管指截止频率≥3 MHz、耗散功率≥1 W。 (2) "*"器件的型号命名只有第三、四、五部分。								

例如,型号为 2CW56 的器件,第一部分"2"表示这是一个二极管,第二部分"C"表示是 N型硅材料制作的,第三部分"W"表示是稳压管,第四部分"56"表示的是产品的序号。

(2) 美国半导体器件的型号命名方法

美国晶体管或其他半导体器件的命名法较混乱,美国电子工业协会半导体分立器件命名方法见表 6.6。

表 6.6　美国电子半导体协会半导体器件型号命名法

第一部分		第二部分		第三部分		第四部分		第五部分	
用符号表示用途的类别		用数字表示PN 结的数目		美国电子半导体协会(EIA)注册标志		美国电子半导体协会(EIA)登记顺序号		用英文字母表示器件分档	
符号	意义	符号	意义	符号	意义	符号	意义	符号	意义
JAN 或 J	军用品	1	二极管	N	该器件已在美国电子半导体协会登记顺序号	多位数字	该器件已在美国电子半导体协会登记顺序号	ABCD	同一型号不同档别
		2	三极管						
无	非军用品	3	3 个 PN 结器件						
		4	N 个 PN 结器件						

例如:型号为 1N4007 的器件,"1"表示二极管,"N"表示该器件已在 EIN 注册标志,"4007"表示该器件在 EIN 的登记顺序号。

6.4.4　二极管的选用和检测

(1)二极管的选用

1)检波二极管的选用

检波二极管一般可选用点接触型锗二极管,例如 2AP 系列等。选用时,应根据电路的具体要求来选择工作频率高、反向电流小、正向电流足够大的检波二极管。

2)整流二极管的选用

整流二极管一般为平面型硅二极管,用于各种电源整流电路中。选用整流二极管时,主要应考虑其最大整流电流、最大反向工作电流、截止频率及反向恢复时间等参数。普通串联稳压电源电路中使用的整流二极管,对截止频率的反向恢复时间要求不高,只要根据电路的要求选择最大整流电流和最大反向工作电压符合要求的整流二极管即可。例如,1N 系列、2CZ 系列、RLR 系列等。开关稳压电源的整流电路及脉冲整流电路中使用的整流二极管,应选用工作频率较高、反向恢复时间较短的整流二极管(例如 RU 系列、EU 系列、V 系列、1SR 系列等)或选择快恢复二极管。

3)开关二极管的选用

开关二极管主要应用于收录机、电视机、影碟机等家用电器及电子设备有开关电路、检波电路、高频脉冲整流电路等。中速开关电路和检波电路,可以选用 2AK 系列普通开关二极管。高速开关电路可以选用 RLS 系列、1SS 系列、1N 系列、2CK 系列的高速开关二极管。要根据应用电路的主要参数(例如正向电流、最高反向电压、反向恢复时间等)来选择开关二极管的具体型号。

(2)二极管的检测

普通二极管(包括检波二极管、整流二极管、阻尼二极管、开关二极管、续流二极管)是由一个 PN 结构成的半导体器件,具有单向导电特性。通过用万用表检测其正、反向电阻值,可以判别出二极管的电极,还可估测出二极管是否损坏。

1)极性的判别

将万用表置于 R×100 挡或 R×1 kΩ 挡,两表笔分别接二极管的两个电极,测出一个阻值,对调两表笔,再测出一个阻值。两次测量的阻值中,有一次测量出的阻值较大(为反向电阻),一次测量出的阻值较小(为正向电阻)。在阻值较小的一次测量中,黑表笔所接的是二极管的正极,红表笔接的是二极管的负极(如果用数字万用表测量,则红表笔所接是正极,黑表笔所接为负极)。

2)单向导电性能的检测及好坏的判断

通常,锗材料二极管的正向电阻值为 1 kΩ 左右,反向电阻值为 300 Ω 左右。硅材料二极管的电阻值为 5 kΩ 左右,反向电阻值为 ∞(无穷大)。正向电阻越小越好,反向电阻越大越好。正、反向电阻值相差越悬殊,则说明二极管的单向导电特性越好。

若测得二极管的正、反向电阻值均接近 0 或阻值较小,则说明该二极管内部已击穿短路或漏电损坏。若测得二极管的正、反向电阻值均为无穷大,则说明该二极管已开路损坏。

6.4.5 特殊二极管

特殊二极管种类很多,常见的有稳压二极管、发光二极管、光电二极管、变容二极管、激光二极管、双向二极管、雪崩二极管、隧道二极管等,下面仅介绍几种常用的特殊二极管。

(1)稳压二极管

1)稳压二极管的主要参数

稳压二极管是一种特殊的具有稳压功能的二极管,工作在反向击穿状态。常见的稳压二极管是一种由硅材料制成的面接触型二极管,正向特性与普通二极管相似,反向击穿特性曲线很陡。由于稳压二极管利用的是二极管的齐纳击穿特性,因此又被称为齐纳二极管。

稳压二极管的主要参数有:

①稳定电压 V_Z。稳定电压 V_Z 是指稳压工作于二极管反向击穿状态时两端产生的稳定电压值。型号不同 V_Z 不同,由于制造工艺的差别,同一型号稳压管的稳压值也有差别。

②稳定电流 I_Z。稳定电流 I_Z 是指稳压管正常工作时的电流参考值。低于此值,稳压效果变差;高于此值,只要不超过最大稳定电流,就可以正常工作,且电流越大,稳压效果越好,但管子的功耗增加。

③动态电阻 r_z。动态电阻 r_z 是稳压管的交流电阻,是指稳压管在正常工作时电压变化量与电流变化量的比值。r_z 与工作电流有关,工作电流越大,动态电阻 r_z 就越小,稳压性能越好。通常稳压管的 r_z 为几欧姆到几十欧姆。

④额定功耗 P_Z。额定功耗 P_Z 是指稳压二极管不产生热击穿时的最大功率损耗。

2)稳压二极管的使用

用稳压二极管构成的稳压电路,虽然电压稳定度不高,输出电流也较小,但是电路简单、经济实用,因而应用非常广泛。稳压二极管的使用应注意以下几点:

①要注意普通二极管与稳压二极管的区别方法。很多普通二极管,特别是玻璃封装的,外形颜色等与稳压二极管较为相似,如不细心区别,就会使用错误。区别方法是:

a.看外形。很多稳压二极管的外形为圆柱形,较短粗,而圆柱形的普通二极管则较细长。

b.看标志。稳压二极管的外表面上都标有稳压值,如5V6,表示稳压值为 5.6 V。

c.用万用表进行测量。根据单向导电性,用×1 kΩ 挡先把被测二极管的正负极性判断出来,然后用×10 kΩ 挡,黑表笔接二极管负极,红表笔接二极管正极,测的阻值与×1 kΩ 挡时相比,若出现的反向阻值很大,为一般二极管的可能性很大,若出现的反向阻值变得很小,则为稳压二极管。

②注意稳压二极管正向使用与反向使用的区别。稳压二极管正向导通使用时,与一般二极管正向导通使用时基本相同,正向导通后两端电压也是基本不变的,都约为 0.7 V。从理论上讲,稳压二极管也可正向使用做稳压管用,但其稳压值将低于 1 V,且稳压性能也不好,一般不单独用稳压管的正向导通特性来稳压,而是用反向击穿特性来稳压。反向击穿电压值即为稳压值。有时将两个稳压管串联使用,一个利用它的正向特性,另一个利用它的反向特性,则既能稳压又可起温度补偿作用,以提高稳压效果。

③使用时应串联限流电阻。串联限流电阻来保证反向电流不超过额定电流,防止热击穿而造成永久性损坏。

（2）发光二极管

发光二极管简称 LED,是一种通过掺杂工艺将如镓(Ga)、砷(As)、磷(P)、氮(N)等化合物掺入半导体材料中制成的能发光的二极管。和普通二极管一样,发光二极管也具有单向导电性,即加正向电压时才能发光,但其光线的颜色和波长由掺入的元素杂质决定。发光的颜色有红、绿、黄、白、蓝等,外形有直径 3 mm 和 5 mm 圆形引脚式的,也有规格为 2 mm×5 mm 长方形的,还有贴片封装的。小功率的发光二极管的正向压降为 1.6 ~ 3 V, 正向工作电流为5~30 mA。

辨别发光二极管的正、负极有目测法和实验法。目测法就是用眼睛来观察发光二极管,可以发现其内部的两个电极一大一小。一般来说,电极较小、长度较短的是发光二极管的正极,电极较大的一个是它的负极,但是这种方法不完全准确,有些厂家由于生产工艺不同可能刚好相反。若是新的发光二极管,通过比较引脚的长度来区别,引脚较长的一个是正极。实验法就是通电看能不能发光,若不能就是极性接错或是发光管损坏。测试时需要串联一个限流电阻,限流电阻的大小根据工作电流来选择,在没有资料的情况下,工作电流一般控制为 1~10 mA。

（3）光电二极管

光电二极管又称光敏二极管,是把光信号转换成电信号的光电传感器件。和普通二极管一样,也由一个 PN 结组成,也具有单方向导电特性。

普通二极管在反向电压作用时处于截止状态,只能流过微弱的反向电流。光电二极管在设计和制作时尽量使 PN 结的面积较大,结深较浅,管壳上有光窗,以便接收入射光。光电二极管工作在反向电压下,没有光照时,反向电流极其微弱,称为暗电流;有光照时,反向电流迅速增大到几十微安,称为光电流。光的强度越大,反向电流也越大。光的变化引起光电二极管电流变化,可以把光信号转换成电信号,成为光电传感器件。

光电二极管的检测方法:

①电阻测量法。用万用表 1 kΩ 挡。光电二极管正向电阻约 10 MΩ。在无光照情况下,反向电阻为 ∞ 时,这管子是好的(反向电阻不是 ∞ 时说明漏电流大);有光照时,反向电阻随光照强度增加而减小,阻值可达到几千欧或 1 kΩ 以下,则管子是好的;若反向电阻都是 ∞ 或为零,则管子是坏的。

②电压测量法。用万用表 1 V 挡。用红表笔接光电二极管"+"极,黑表笔接"-"极,在光照下,其电压与光照强度成比例,一般可达 0.2~0.4 V。

③短路电流测量法。用万用表 50 μA 挡。用红表笔接光电二极管"+"极,黑表笔接"-"极,在白炽灯下(不能用日光灯),随着光照增强,其电流增加是好的,短路电流可达数十至数百微安。

④红外光电二极管与红外发光二极管的区别。红外光电二极管与红外发光二极管的外观很相像,若管子都是透明树脂封装,则可以从管芯安装外观来区别。红外发光二极管管芯下有一个浅盘,而光电二极管和光电三极管则没有;若管子尺寸过小或黑色树脂封装的,则可用万用表的 1 kΩ 挡来测量电阻。当用手捏住管子,使管子不受光照时,正向电阻为 20~40 kΩ,而反向电阻大于 200 kΩ 的是红外发光二极管;正反向电阻都接近无穷大的是光电三极管;当松开管子,使管子受光照时,正向电阻在 10 kΩ 左右,反向电阻接近无穷大的是光电二极管。

6.5 晶体三极管

6.5.1 晶体三极管的分类和图形符号

晶体三极管也称半导体三极管,简称晶体管或三极管。由于工作时有两种载流子(电子和空穴)同时参与导电,故又称双极型晶体管,简称为 BJT。晶体三极管是电子电路中的核心元件之一,其主要作用是将微弱信号放大成幅度值较大的电信号,也用作无触点开关。

晶体三极管由 3 层半导体、2 个 PN 结构成,由于组合方式不同,晶体三极管分为 NPN、PNP 两种形式,其结构示意图和图形符号如图 6.18 所示。电路图中,晶体管的文字符号一般为"Q"或"V",为了与晶体二极管区别开来,通常将晶体三极管标注为"VT"。

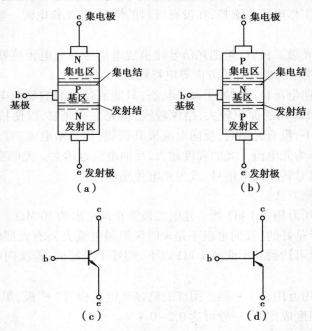

图 6.18 NPN、PNP 型半导体三极管的图形符号

(1)晶体三极管的分类

①按材质分为硅管和锗管。

②按结构分为 NPN 型和 PNP。

③按功能分为开关管、功率管、达林顿管、光敏管等。

④按功率分为小功率管、中功率管、大功率管。

⑤按工作频率分为低频管、高频管和超高频管。

⑥按结构工艺分为合金管、平面管。

⑦按安装方式分为插件三极管、贴片三极管。

(2)晶体三极管的外形

晶体三极管如图 6.19 所示。

（a）塑封小功率三极管

（b）塑封大功率三极管

（c）金封小功率三极管

（d）金封大功率三极管

（e）片状三极管

（f）微型三极管

图6.19 常见晶体三极管外形

6.5.2 晶体三极管的主要技术参数

（1）电流放大系数

1）共射交流电流放大系数 β

共射电流放大系数分为共发射极直流电流放大系数 $\overline{\beta}$ 和共发射极交流电流放大系数 β。

$$\beta = \frac{\Delta I_C}{\Delta I_B}$$

实际应用中 $\overline{\beta}$ 和 β 不予以区分，数据手册中通常用 h_{FE} 表示，反映了共发射极电路的电流放大能力。三极管的 β 值太小，说明该三极管的放大能力差，β 值太大会造成电路工作不稳定，三极管的 β 值一般为 20～200。

2）共基电流放大系数 α

共基电流放大系数也分为共基直流电流放大系数 $\overline{\alpha}$ 和共基交流电流放大系数 α，在数据手册中通常用 h_{FB} 表示。

$$\alpha = \frac{\Delta I_C}{\Delta I_E}$$

实际应用中，因为 $\Delta I_C < \Delta I_E$，故 $\alpha<1$。高频三极管的 $\alpha>0.90$ 就可以使用 。α 与 β 之间的关系为 $\alpha= \beta/(1+\beta)$，$\beta=\alpha /(1-\alpha) \approx 1/(1-\alpha)$。

（2）极间反向电流

三极管的极间反向电流反映了三极管的温度稳定性。

1）集电极—基极反向饱和电流 I_{CBO}

集电极—基极反向饱和电流 I_{CBO} 是指当发射极开路时，集电极—基极的反向饱和电流。良好的三极管 I_{CBO} 很小，小功率锗管的 I_{CBO} 为 1～10 μA，大功率锗管的 I_{CBO} 可达数 mA，而硅管的 I_{CBO} 则非常小，是毫微安级。

2）穿透电流 I_{CEO}

穿透电流 I_{CEO} 是指当基极开路时，集电极和发射极之间加上规定反向电压 V_{CE} 时的集电极电流。I_{CEO} 大约是 I_{CBO} 的 β 倍，即 $I_{CEO} = (1+\beta)I_{CBO}$。$I_{CBO}$ 和 I_{CEO} 受温度影响极大，它们是衡量管子热稳定性的重要参数,其值越小,性能越稳定,小功率锗管的 I_{CEO} 比硅管大。

（3）**特征频率 f_T**

当信号频率高到一定程度时,共射交流电流放大系数 β 下降,并且还产生相移,使 β 值下降到 1 的信号频率就称为特征频率 f_T。

（4）**极限参数**

1）集电极最大允许电流 I_{CM}

当集电极电流 I_C 很大时,β 值会逐渐下降,I_C 增加到某一数值,引起 β 值下降到额定值的 2/3 或 1/2,这时的 I_C 值被称为 I_{CM}。所以当 $I_C > I_{CM}$ 时,β 值显著下降,影响放大质量,且管子有烧毁的可能。

2）集电极最大允许耗散功率 P_{CM}

集电极最大允许耗散功率 P_{CM} 是指三极管集电结受热而引起晶体管参数的变化不超过允许值时集电极耗散的最大功率。当实际功耗 $P_C > P_{CM}$ 时,会引起管子参数的变化,甚至会烧坏管子。P_{CM} 与散热条件有关,增加散热片可提高 P_{CM}。P_{CM} 可由下式计算:

$$P_{CM} = I_C \cdot V_{CE}$$

3）极间反向击穿电压

①$V_{(BR)CBO}$ 是发射极开路时,集电极和基极间的反向击穿电压,是集电结所允许加的最高反向电压。

②$V_{(BR)CEO}$ 是基极开路时,集电极和发射极间的最大允许电压,使用时如果 $V_{CE} > V_{(BR)CEO}$,管子将被击穿,是集电结所允许加的最高反向电压。

③$V_{(BR)EBO}$ 是集电极开路时,发射极和基极间的反向击穿电压,是发射结所允许加的最高反向电压。

6.5.3　晶体三极管的选用

晶体三极管种类繁多,在选用晶体三极管时,要根据电路的具体要求和三极管的主要参数,以及合适的外形尺寸和封装形式来选用。一般应考虑电流放大系数、工作频率、反向击穿电压、集电极电流、耗散功率、饱和压降及稳定性等因素。

选用三极管时应弄清电路的工作频率大概是多少,工程设计中一般要求三极管的特征频率 f_T 大于 3 倍的实际工作频率。小功率三极管集-射间最高反向电压 $V_{(BR)CEO}$ 的选择可以根据电路的电源电压来决定,一般情况下只要三极管的 $V_{(BR)CEO}$ 大于电路中电源的最高电压即可,但是如果三极管的负载是感性负载（如变压器、线圈等）时,$V_{(BR)CEO}$ 数值的选择要慎重,感性负载上的感应电压可能达到电源电压的 2~8 倍。β 值不可太大,太大容易引起自激,工作不稳定,一般为 20~200。大功率的三极管必须考虑集电极最大允许耗散功率 P_{CM},并且还必须安装良好的散热器。从原则上来说,高频管可以代换低频管,极限参数值大的可以代换极限参数值小的三极管。

6.5.4　晶体三极管的检测

（1）**晶体三极管极性判别**

1）基极的判别

用万用表的 R ×1 kΩ 挡或 R × 100 挡,先假定某一脚为基极,将万用表任意一表笔与假设基极接触,用另一表笔分别与另外两只管脚相接,若两次测得阻值都大或都小,交换表笔再测,若两次测阻值都小或都大,则假定的基极正确,若两次测得阻值一大一小,则假定错误。

2）NPN 型或 PNP 型的判别

把红色表笔接触已经测出的基极,将黑笔分别接触另外两极,所测阻值都大,调换表笔再测阻值应都小,则为 NPN 型,反之则是 PNP 型。

3）判断发射极和集电极

以 NPN 型三极管为例。先假设一脚为发射极,使红笔与该脚相接,黑笔接触下一脚,同时用手指连接黑笔接的脚与基极,观察指针偏转角度,再交换两表笔测量,观察指针偏转角度,偏转角度大的一次,黑笔接的脚为实际集电极,红笔接的脚为发射极。测量方法如图 6.20 所示。

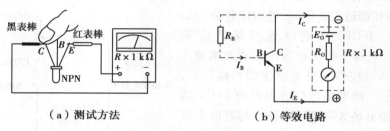

（a）测试方法　　　　　　　　　（b）等效电路

图 6.20　三极管集电极和发射极的判别

PNP 型三极管的方法同 NPN 型,但必须把表笔极性对调一下,即偏转角度大的一次,红笔所接的为实际集电极,黑笔接的为发射极。如果用数字万用表测试,表笔极性对调即可。

（2）硅管和锗管的区别

使用 R×100 或 R×1 kΩ 挡测基极和发射极间的电阻值,阻值在几十千欧的是硅管,小于几千欧的是锗管。

（3）穿透电流 I_{CEO} 大小判断

用 R×100 或 R×1 kΩ 挡去测量集电极和发射极之间的电阻值,对于 PNP 管,黑表管接 e 极,红表笔接 c 极,对于 NPN 型三极管,黑表笔接 c 极,红表笔接 e 极。要求测得的电阻越大越好。c-e 间的阻值越大,说明管子的 I_{CEO} 越小,管子性能越好。

（4）电流放大倍数的测量

目前很多万用表都具有测量三极管 h_{FE} 的刻度线及其测试插座,可以很方便地测量三极管的放大倍数。先将万用表量程开关拨到 ADJ 位置,将红、黑表笔短接,调整调零旋钮,使万用表指针指示为零,然后将量程开关拨到 h_{FE} 位置,并使两短接的表笔分开,把被测三极管分 NPN 型和 PNP 型,将 e、b、c 电极插入对应的测试插座,即可从 h_{FE} 刻度线上读出管子的放大倍数。

对于大功率三极管的极性、管型及性能的检测,检测方法同检测中、小功率三极管基本一样。但是,由于大功率三极管的工作电流比较大,因而其 PN 结的面积也较大。PN 结较大,其反向饱和电流也必然增大。所以,如果像测量中、小功率三极管极间电阻那样,使用万用表的 R×100 挡或 R×1 kΩ 挡测量,必然测得的电阻值很小,就像极间短路一样。所以,测量大功率三极管应使用 R×10 挡或 R×1 挡检测。

6.6 场效应晶体管

场效应晶体管（FET）简称场效应管。由多数载流子参与导电，也称为单极型晶体管，它属于电压控制型半导体器件。场效应管具有输入电阻高、噪声小、功耗低、动态范围大、易于集成、没有二次击穿现象、安全工作区域宽、热稳定性好等优点。

6.6.1 场效应晶体管的分类和图形符号

（1）场效应晶体管的分类

根据结构和制造工艺不同，场效应管分为结型场效应管（JFET）和绝缘栅型场效应管（JGFET）两大类，每一类又有 N 沟道和 P 沟道之分，绝缘栅型场效应管又分为增强型和耗尽型，如图 6.21 所示。结型场效应管因有两个 PN 结而得名，绝缘栅型场效应管则因栅极与其他电极完全绝缘而得名。

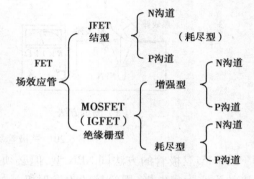

图 6.21 场效应管的分类

（2）场效应晶体管的图形符号

结型场效应管的图形符号如图 6.22 所示，绝缘栅型场效应管的图形符号如图 6.23 所示。

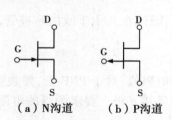

（a）N沟道　　（b）P沟道

图 6.22 结型场效应管

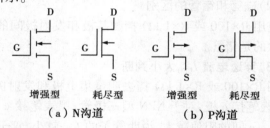

增强型　　耗尽型　　增强型　　耗尽型

（a）N沟道　　　　　（b）P沟道

图 6.23 绝缘栅型场效应管

（3）场效应晶体管的外形

场效应晶体管主要有塑料和金属两种封装形式，如图 6.24 所示。

（a）塑料封装场效应管　　　　　（b）金属封装场效应管

图 6.24 场效应管的外形

6.6.2　场效应晶体管的主要参数

（1）直流参数

1）开启电压 $V_{GS(th)}$（或 V_T）

开启电压是在 V_{DS} 为一常量时，使 i_D 大于零时最小的栅源电压。

2）夹断电压 $V_{GS(off)}$（或 V_P）

夹断电压是在 V_{DS} 为一常量的情况下，i_D 为规定的微小电流时的栅源电压。

3）饱和漏极电流 I_{DSS}

对于结型场效应三极管，当 $V_{GS}=0$ 时所对应的漏极电流。

4）输入电阻 $R_{GS(DC)}$

输入电阻 $R_{GS(DC)}$ 等于栅-源电压与栅极电流之比。结型场效应管 $R_{GS(DC)}$ 大于 $10^7\Omega$，绝缘栅型场效应管的 $R_{GS(DC)}$ 大于 $10^9\ \Omega$。

（2）交流参数

1）低频跨导 g_m

低频跨导反映了栅源电压对漏极电流的控制作用。（相当于普通晶体管的 h_{FE}，单位是 mS（毫西门子）。

2）极间电容

场效应管 3 个电极之间的电容，它的值越小表示管子的性能越好。

（3）极限参数

1）最大耗散漏极功耗 P_{DM}

P_{DM} 是指场效应管在性能不变坏时所允许的最大漏源耗散功率。使用时，场效应管实际功耗应小于 P_{DM} 并留有一定余量。

2）极限漏极电流 I_D

I_D 是漏极能够输出的最大电流，相当于普通三极管的 I_{CM}，其值与温度有关，通常手册上标注的是温度为 25 ℃时的值。

3）最大漏源电压 V_{DSS}

V_{DSS} 是场效应管漏源极之间可以承受的最大电压（相当于普通晶体管的最大反向工作电压 V_{CEO}），有时也用 V_{DS} 表示。

6.6.3　场效应晶体管的检测

（1）判定栅极

场效应管的栅极相当于晶体三极管的基极，源极和漏极分别对应于晶体三极管的发射极和集电极。将万用表置于 R×1 kΩ 挡，用两表笔分别测量每两个管脚间的正、反向电阻。用万用表黑表笔碰触管子的一个电极，红表笔分别碰触另外两个电极。若两次测出的阻值都很小，说明均是正向电阻，该管属于 N 沟道场效应管，黑表笔接的也是栅极。制造工艺决定了场效应管的源极和漏极是对称的，可以互换使用，并不影响电路的正常工作，所以不必加以区分。源极与漏极间的电阻约为几千欧。

注意不能用此法判定绝缘栅型场效应管的栅极。因为这种管子的输入电阻极高，栅源间的极间电容又很小,测量时只要有少量的电荷,就可在极间电容上形成很高的电压,容易将管子损坏。当某两个管脚间的正、反向电阻相等,均为几千欧姆时,则这两个管脚为漏极 D 和源极 S。

（2）估测场效应管的放大能力

将万用表拨到 R×100 挡,红表笔接源极 S,黑表笔接漏极 D,相当于给场效应管加上 1.5 V 的电源电压。这时表针指示出的是 D-S 极间电阻值。然后用手指捏栅极 G,将人体的感应电压作为输入信号加到栅极上。由于管子的放大作用,漏源电压 V_{DS} 和漏极电流 I_D 都要发生变化,也就是漏源极间电阻发生了变化,由此可以观察到表针有较大幅度的摆动。如果手捏栅极表针摆动较小,说明管子的放大能力较差;表针摆动较大,表明管子的放大能力强;若表针不动,说明管子已经损坏。

本方法也适用于测 MOS 管。为了保护 MOS 场效应管,必须用手握住螺丝刀绝缘柄,用金属杆去碰栅极,以防止人体感应电荷直接加到栅极上,将管子损坏。MOS 管每次测量完毕,G-S 结电容上会充有少量电荷,建立起电压 V_{GS},再接着测时表针可能不动,此时将 G-S 极间短路一下即可。

6.7　常用模拟集成器件

模拟集成电路主要是指由电容、电阻、晶体管等组成的模拟电路集成在一起用来处理模拟信号的集成电路。模拟集成电路的主要构成电路有:放大器、滤波器、反馈电路、基准源电路、开关电容电路等。模拟集成电路是用来产生、放大和处理各种模拟信号（指幅度随时间连续变化的信号）的电路,是微电子技术的核心技术之一,能对电压或电流等模拟量进行采集、放大、比较、转换和调制。

6.7.1　模拟集成器件的分类

集成器件的分类方法有很多种,常见的分类方式如下所述。

（1）根据集成度分类

根据集成电路内部的集成度,可以分为大规模、中规模、小规模等。

（2）根据封装的材料和引脚形式分类

根据封装的材料分为塑料封装、金属封装和陶瓷封装 3 类;根据集成电路管脚的引脚形式可分为直插式和扁平式两类。

（3）根据输出与输入信号之间的响应关系分类

根据输出与输入信号之间的响应关系,可将模拟集成电路分为线性集成电路和非线性集成电路两大类。线性集成电路的输出与输入信号之间的响应通常呈线性关系,其输出的信号形状与输入信号是相似的,只是被放大了,并且是按固定的系数进行放大的。而非线性集成电路的输出信号对输入信号的响应呈现非线性关系,比如平方关系、对数关系等,故称为非线性电路。常见的非线性电路有振荡器、定时器、锁相环电路等。

（4）根据用途分类

①通用模拟电路:包括运算放大器、电压比较器、电压基准源电路、稳压电源电路等。

②工业控制与测量电路:包括定时器、波形发生器、检测器、传感器电路、锁相环电路、模拟

乘法器、电机驱动电路、功率控制电路和模拟开关等。

③通信电路:包括电话通信电路和移动通信电路等。

④消费类电路:包括黑白、彩色电视机电路、录像机电路、音响电路等,还有许多其他电路,如医疗用电路等。

（5）根据导电类型分类

根据导电类型可以分为双极型集成电路和单极型集成电路。

6.7.2　模拟集成器件的识别

（1）模拟集成器件的型号命名

我国对于国产的集成电路的命名方法有国家标准(GB 3430—89),该标准适用于按半导体集成电路系列和品种的国家标准生产的半导体集成电路。型号命名由 5 部分组成,各部分的含义见表 6.7。第一部分用字母"C"表示该集成电路为中国制造,符合国家标准;第二部分用字母表示集成电路的类型;第三部分用数字或数字与字母混合表示集成电路的系列和品种代号;第四部分用字母表示电路的工作温度范围;第五部分用字母表示集成电路的封装形式。

表 6.7　国标集成电路型号命名及含义

第一部分:国标		第二部分:电路类型		第三部分:电路系列和代号	第四部分:温度范围		第五部分:封装形式	
字母	含义	字母	含义		字母	含义	字母	含义
C	中国制造	B	非线性电路	用数字或数字与字母混合表示集成电路系列和代号	C	0~70 ℃	B	塑料扁平
		C	CMOS 电路				C	陶瓷芯片载体封装
		D	音响、电视电路		G	−25~70 ℃	D	多层陶瓷双列直插
		E	ECL 电路				E	塑料芯片载体封装
		F	线性放大器				F	多层陶瓷扁平
		H	HTL 电路				G	网络阵列封装
		J	接口电路		L	−25~85 ℃		
		M	存储器				H	黑瓷扁平
		W	稳压器		E	−40~85 ℃	J	黑瓷双列直插封装
		T	TTL 电路				K	金属菱形封装
		μ	微型机电路					
		AD	A/D 转换器		R	−55~85 ℃	P	塑料双列直插封装
		D/A	D/A 转换器					
		SC	通信专用电路				S	塑料单列直插封装
		SS	敏感电路		M	−55~125 ℃		
		SW	钟表电路				T	金属圆形封装

目前有很多电子产品采用了国外公司的集成电路,国外公司生产的集成电路都有自己的符号及标识方法,见表6.8。

表 6.8　常见国外集成电路标识符号

符号	生产国及公司名称	符号	生产国及公司名称
AN	松下公司（日）	TPA、SO	西门子公司（德）
BA	东洋电具公司（日）	μA	仙童公司（美）
CA	RCA 公司	μPC	日本电气（日）
HA	日立公司（日）	CX	索尼公司（日）
LA、LB	三洋公司（日）	IX	夏普公司（日）
LM	利迅公司（国家半导体公司）（美）	KA	金星公司（韩）
M	三菱公司（日）	S	微系统公司（美）
MC	摩托罗拉公司（美）	AD	模拟器件公司（美）
TA、TB、TC	东芝公司（日）	CS	齐瑞半导体器件公司（美）
TL	德克萨斯公司（美）	MB	富士通有限公司（日）
SP、SL、TBA	普莱塞公司（英）	ICL	英特锡尔公司（美）
NE	飞利浦（荷兰），麦拉迪（英）	ML	米特尔半导体器件公司（加）
ULN	斯普拉格公司（美）	TDC	大规模集成电路公司（美）
MK	莫斯特卡公司（美）	TMS、SN	德克萨斯仪器公司（美）
MP	微功耗系统公司（美）	TAA	德国风根公司、荷兰飞利浦公司及欧洲共同市场各国有限公司产品
AY	通用仪器公司（美）	TBA	
XR	埃克来集成系统公司（美）	TDA	
U	德律风根公司（德）	N	西根尼蒂克公司（美）

（2）模拟集成器件的封装和引脚识别

1）按芯片的外形、结构分类

按芯片的外形、结构分类大致有：DIP、SIP、ZIP、S-DIP、SK-DIP、PGA、SOP、QFP、LCCC、PL-CC、SOJ、BGA 等封装类型，其中前 6 种属引脚插入型，后面 6 种为表面贴装型，各种集成电路的封装外形及特点见表 6.9。

表 6.9　集成电路的封装外形及特点

封装外形图片	封装类型
DIP-8　　　DIP-16	DIP：双列直插式封装。顾名思义，该类型的引脚在芯片两侧排列，是插入式封装中最常见的一种，引脚节距为 2.54 mm，电气性能优良，又有利于散热，可制成大功率器件

封装外形图片	封装类型
	S-DIP:收缩双列直插式封装。该类型的引脚在芯片两侧排列,引脚节距为 1.778 mm,芯片集成度高于 DIP
 SIP　　　　ZIP	SIP:单列直插式封装。该类型的引脚在芯片单侧排列,引脚节距等特征与 DIP 基本相同 ZIP:Z 型引脚直插式封装。该类型的引脚也在芯片单侧排列,只是引脚比 SIP 粗短些,节距等特征也与 DIP 基本相同
	PGA:针栅阵列插入式封装。封装底面垂直阵列布置引脚插脚,如同针栅。插脚节距为 2.54 mm 或 1.27 mm,插脚数可多达数百脚。用于高速的且大规模和超大规模集成电路
	BGA:球栅阵列封装。表面贴装型封装的一种,在 PCB 的背面布置二维阵列的球形凸点代替针形引脚。焊球的节距通常为 1.5 mm、1.0 mm、0.8 mm,与 PGA 相比,不会出现针脚变形问题。适应频率超过 100 MHz,I/O 引脚数大于 208 Pin。电热性能好,信号传输延迟小,可靠性高
	SOP:小外形表面贴装型封装。其引脚从封装的两个侧面引出,引脚有 J 形和 L 形两种形式,中心距一般分为 1.27 mm 和 0.8 mm 两种,引脚数 8~32。体积小,是最普及的表面贴片封装
	QFP:四方扁平封装。表面贴装型封装的一种,引脚端子从封装的两个侧面引出,呈 L 字形,引脚节距为 1.0 mm、0.8 mm、0.65 mm、0.5 mm、0.4 mm、0.3 mm,引脚可达 300 脚以上

续表

封装外形图片	封装类型
PLCC　　　LCCC	PLCC:无引线塑料封装载体。一种塑料封装的 LCC。也用于高速、高频集成电路封装。 LCCC:芯片封装在陶瓷载体中,无引脚的电极焊端排列在底面的四边。引脚中心距 1.27 mm,引脚数 18~156。高频特性好,造价高,一般用于军品
	SOJ:小外形 J 引脚封装。表面贴装型封装的一种,引脚端子从封装的两个侧面引出,呈 J 字形,引脚节距为 1.27 mm

2)管脚识别

使用集成电路前,必须认真查对识别集成电路的引脚,确认电源、地、输入、输出、控制等端的引脚号。集成电路的封装形式无论是圆形或扁平形,单列直插式或双列直插式,其管脚排列均有一定规律。

①单列直插式。将印字一面向着自己,管脚向下,左端为第一脚,即从左向右数。一般在左端都有标记(有斜切角、色条,圆凹坑等),如图 6.25 所示。

②双列直插式。将印有字的一面向上,管脚朝下,从左下角数起,按逆时针计数(左下角一般都有标记,一般是圆凹坑、色点或左端中间有弧形凹口),如图 6.26 所示。

③圆形封装。印有字符一面向上,管脚向下,从管键或标记处数起,按逆时针方向计数,如图 6.27 所示。

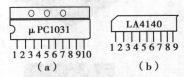

图 6.25　单列直插式管脚识别

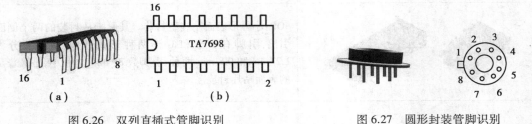

图 6.26　双列直插式管脚识别　　　　图 6.27　圆形封装管脚识别

6.7.3　常用集成电路的检测

集成电路的基本检测方法有在路检测、非在路检测和替换检测。在路检测是指集成电路已经焊入电路,利用电压测量法、电阻测量法及电流测量法等方法,通过在电路上测量集成电路的各引脚电压值、电阻值和电流值与标准值相比较,从而判断集成电路的好坏。非在路测量是指集成电路未焊入电路时,通过测量其引脚之间的直流电阻值与标准值相比较,来判断集成电路的好坏。替换检测是用已知完好的同型号、同规格的集成电路来替换被测集成电路,从而判断出被测集成电路的好坏,短路故障慎重使用替换法。

（1）微处理器集成电路的检测

微处理器集成电路的关键测试引脚是 V_{DD}电源端、RESET 复位端、XIN 晶振信号输入端、XOUT 晶振信号输出端及其他各线输入、输出端。在路测量这些关键脚对地的电阻值和电压值,看是否与正常值(可从产品电路图或有关维修资料中查出)相同。不同型号微处理器的 RESET 复位电压也不相同,有的是低电平复位,即在开机瞬间为低电平,复位后维持高电平;有的是高电平复位,即在开关瞬间为高电平,复位后维持低电平。

（2）开关电源集成电路的检测

开关电源集成电路的关键脚电压是电源端(V_{CC})、激励脉冲输出端、电压检测输入端、电流检测输入端。测量各引脚对地的电压值和电阻值,若与正常值相差较大,在其外围元器件正常的情况下,可以确定是该集成电路已损坏。内置大功率开关管的厚膜集成电路,还可通过测量开关管 C、B、E 极之间的正、反向电阻值,来判断开关管是否正常。

（3）音频功放集成电路的检测

检查音频功放集成电路时,应先检测其电源端(正电源端和负电源端)、音频输入端、音频输出端及反馈端对地的电压值和电阻值。若测得各引脚的数据值与正常值相差较大,其外围元件正常,则是该集成电路内部损坏。对引起无声故障的音频功放集成电路,测量其电源电压正常时,可用信号干扰法来检查。测量时,万用表应置于 R×1 挡,将红表笔接地,用黑表笔点触音频输入端,正常时扬声器中应有较强的"喀喀"声。

（4）运算放大器集成电路的检测

用万用表直流电压挡,测量运算放大器输出端与负电源端之间的电压值(在静态时电压值较高)。用手持金属镊子依次点触运算放大器的两个输入端(加入干扰信号),若万用表表针有较大幅度的摆动,则说明该运算放大器完好;若万用表表针不动,则说明运算放大器已损坏。

（5）时基集成电路的检测

时基集成电路内含数字电路和模拟电路,用万用表很难直接测出其好坏。可以自制测试电路来检测时基集成电路的好坏。测试电路由阻容元件、发光二极管 LED、6 V 直流电源、电源开关 S 和 8 脚 IC 插座组成。将时基集成电路(例如 NE555)插入 IC 插座后,按下电源开关 S,若被测时基集成电路正常,则发光二极管 LED 将闪烁发光;若 LED 不亮或一直亮,则说明被测时基集成电路性能不良。

6.7.4　集成电路的代换技巧

（1）直接代换

直接代换是指用其他集成电路不经任何改动而直接取代原来的集成电路,代换后不影响机器的主要性能与指标。

代换原则:代换集成电路的功能、性能指标、封装形式、引脚用途、引脚序号和间隔等几方面均相同。

1）同型号集成电路的代换

同型号集成电路的代换一般是可靠的,安装集成电路时,要注意方向不要弄错,否则,通电时集成电路很可能被烧毁。有的单列直插式功放集成电路,虽型号、功能、特性相同,但引脚排列顺序的方向是有所不同的。例如,双声道功放集成电路 LA4507,其引脚有"正""反"之分,其起始脚标注(色点或凹坑)方向不同;没有后缀与后缀为"R"的集成电路等,例如 M5115P 与 M5115RP。

2)不同型号集成电路的代换

①型号前缀字母相同、数字不同的集成电路代换。这种代换只要相互间的引脚功能完全相同,其内部电路和电参数稍有差异,也可相互直接代换。如伴音中放集成电路 LA1363 和 LA1365,后者比前者在集成电路第 5 脚内部增加了一个稳压二极管,其他完全一样。

②型号前缀字母不同、数字相同的集成电路代换。一般情况下,前缀字母是表示生产厂家及电路的类别,前缀字母后面的数字相同,大多数可以直接代换。但也有少数,虽数字相同,但功能却完全不同。例如,HA1364 是伴音集成电路,而 μPC1364 是彩色解码集成电路;再例如,数字为 4558 的集成电路,8 脚的是运算放大器 NJM4558,14 脚的是 CD4558 数字电路,故二者完全不能代换。

③型号前缀字母和数字都不同的集成电路代换。有的厂家引进未封装的 IC 芯片,然后加工成按本厂命名的产品。还有的为了提高某些参数指标而改进产品。这些产品常用不同型号进行命名或用型号后缀加以区别。例如,AN380 与 μPC1380 可以直接代换;AN5620、TEA5620、DG5620 等可以直接代换。

(2)非直接代换

非直接代换是指不能进行直接代换的集成电路稍加修改外围电路,改变原引脚的排列或增减个别元件等,使之成为可代换的集成电路的方法。

代换原则:代换所用的集成电路可与原来的集成电路引脚功能不同、外形不同,但功能要相同,特性要相近;代换后不应影响原机性能。

1)不同封装的集成电路代换

相同类型的集成电路芯片,但封装外形不同,代换时只要将新器件的引脚按原器件引脚的形状和排列进行整形。例如,AFT 电路 CA3064 和 CA3064E,前者为圆形封装,辐射状引脚;后者为双列直插塑料封装,两者内部特性完全一样,按引脚功能进行连接即可。双列集成电路 AN7114、AN7115 与 LA4100、LA4102 封装形式基本相同,引脚和散热片正好都相差 180°。前面提到的 AN5620 带散热片双列直插 16 脚封装、TEA5620 双列直插 18 脚封装,9、10 脚位于集成电路的右边,相当于 AN5620 的散热片,二者其他脚排列一样,将 9、10 脚连起来接地即可使用。

2)电路功能相同但个别引脚功能不同的集成电路代换

代换时可根据各个型号集成电路的具体参数及说明进行。如电视机中的 AGC、视频信号输出有正、负极性的区别,只要在输出端加接倒相器后即可代换。

3)类型相同但引脚功能不同的集成电路代换

这种代换需要改变外围电路及引脚排列,因而需要一定的理论知识、完整的资料和丰富的实践经验与技巧。

4)有些空脚不应擅自接地

内部等效电路和应用电路中有的引出脚没有标明,遇到空的引出脚时,不应擅自接地,这些引出脚为更替或备用脚,有时也作为内部连接。

5）用分立元件代换集成电路

有时可用分立元件代换集成电路中被损坏的部分，使其恢复功能。代换前应了解该集成电路的内部功能原理、每个引出脚的正常电压、波形图及与外围元件组成电路的工作原理。同时还应考虑：

①信号能否从集成电路中取出接至外围电路的输入端。

②经外围电路处理后的信号，能否连接到集成电路内部的下一级去进行再处理（连接时的信号匹配应不影响其主要参数和性能）。如中放集成电路损坏，从典型应用电路和内部电路看，由伴音中放、鉴频以及音频放大级成，可用信号注入法找出损坏部分，若是音频放大部分损坏，则可用分立元件代替。

6）组合代换

组合代换就是将同一型号的多块集成电路内部未受损的电路部分，重新组合成一块完整的集成电路，用以代替功能不良的集成电路的方法。对买不到原配集成电路的情况下是十分适用的。但要求所利用集成电路内部完好的电路一定要有接口引出脚。

6.7.5　三端集成稳压器

集成稳压器是将不稳定的直流电压转换成稳定的直流电压的集成电路，与分立元件组成的稳压电路相比较具有输出电流大、输出电压高、体积小、可靠性高等优点，在电子电路中应用广泛，其中三端式集成稳压器应用最为普遍。

（1）三端集成稳压器的分类

三端集成稳压器按输出电压是否可调分为三端固定式集成稳压器和三端可调式集成稳压器。

1）三端固定式集成稳压器

三端固定式集成稳压器是将取样电阻、补偿电容、保护电路、大功率调整管等都集成在同一芯片上，使整个集成电路块只有输入、输出和公共 3 个引出端，使用非常方便，因此获得广泛应用。它的缺点是输出电压固定，所以必须生产各种输出电压、电流规格的系列产品。7800 系列集成稳压器是常用的固定正输出电压的集成稳压器，7900 系列集成稳压器是常用的固定负输出电压的集成稳压器。三端固定式集成稳压器封装和管脚排列如图 6.28 所示，应用电路如图 6.29 所示。CW7800 系列和 CW7900 系列稳压器规格见表 6.10。

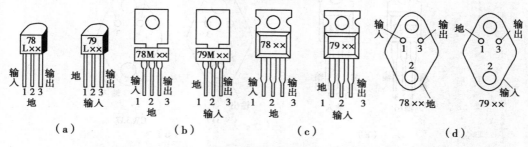

图 6.28　三端固定式集成稳压器封装和管脚排列

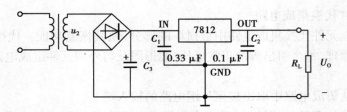

图 6.29　三端固定式集成稳压器 7812 的应用电路

表 6.10　CW7800、7900 系列稳压器规格

系　列	型　号	输出电流/A	输出电压/V
7800	78L00	0.1	5、6、9、12、15、18、24
	78M00	0.5	5、6、9、12、15、18、24
	7800	1.5	5、6、9、12、15、18、24
	78T00	3	5、12、18、24
	78H00	5	5、12
	78P00	10	5
7900	79L00	0.1	−5、−6、−9、−12、−15、−18、−24
	79M00	0.5	−5、−6、−9、−12、−15、−18、−24
	7900	1.5	−5、−6、−9、−12、−15、−18、−24

2)三端可调式集成稳压器

三端可调式集成稳压器只需外接两只电阻即可获得各种输出电压。如 CW117、CW317 等为常用的三端可调正输出集成稳压器,CW137、CW337 等为常用的三端可调负输出集成稳压器。三端可调式集成稳压器封装和管脚排列如图 6.30 所示,其应用电路如图 6.31 所示。

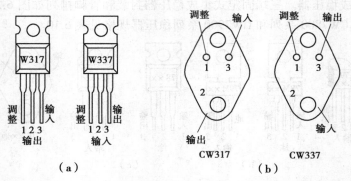

图 6.30　三端可调式集成稳压器封装和管脚排列

(2)三端集成稳压器选用注意事项

①选用三端集成稳压器时,首先要考虑的是输出电压是否要求需要调整。若不需调整输

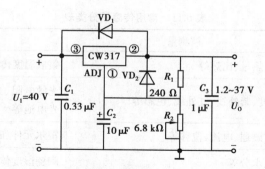

图 6.31 三端可调式稳压器 CW317 的应用电路

出电压,则可选用输出固定电压的稳压器;若要调整输出电压,则应选用可调式稳压器。稳压器的类型选定后,就要进行参数的选择,其中最重要的参数就是需要输出的最大电流值,这样便大致可确定出集成电路的型号。然后再审查一下所选稳压器的其他参数能否满足使用的要求。

②在接入电路之前,一定要分清引脚及其作用,避免接错时损坏集成块。比如,防止输入端对地短路;防止输入端滤波电路断路;防止输出端与其他高电压电路连接;稳压器接地端不得开路等。

③要防止产生自激振荡。三端集成稳压器内部电路放大级数多,开环增益高,工作于闭环深度负反馈状态,电路可能会产生高频寄生振荡,从而影响稳压器的正常工作。如图 6.29 所示电路中的 C_1 及 C_2 就是为防止自激振荡而必须加的防振电容。

④在三端集成稳压器的输入、输出端接保护二极管,可防止输入电压突然降低时,输出电容迅速放电引起三端集成稳压器的损坏。

⑤为确保输出电压的稳定性,应保证端集成稳压器的最小输入、输出压差不低于 2 V,同时又要注意最大输入、输出电压差范围不超出规定范围。

⑥为了扩大输出电流,三端集成稳压器允许并联使用。

⑦在使用可调式稳压器时,为减小输出电压纹波,应在稳压器调整端与地之间接入一个 10 μF 电容器。

6.8 传感器

传感器是指能感受被测量(如物理、化学、生物等非电量)并按照一定的规律转换成可用输出信号的器件或装置,以满足信息的传输、处理、存储、显示、记录和控制等要求。传感器是实现自动检测和自动控制的首要环节,通常由敏感元件和转换元件组成。

6.8.1 传感器的种类

传感器种类繁多,分类也不尽相同,最常用的是按照传感器所检测的物理量来分类,可分为光传感器、磁传感器、温度传感器、超声波传感器、湿度传感器、压力传感器、速度传感器等。常用传感器的分类见表 6.11。

表 6.11　常用传感器分类表

传感器的类型	被测量	传感器实例
温度传感器	温度、热量、比热等	集成温度传感器、热敏电阻、热电耦等
光传感器	光照度、紫外线、红外线、色彩等	光敏电阻、光敏晶体管、光电倍增管、光电池等
磁性传感器	磁场、磁通、电流、位移等	霍尔元件、磁敏电阻、磁敏晶体管等
湿度传感器	湿度、水分等	陶瓷湿度传感器
力学量传感器	应力、压力、拉力、推力、旋转力、长度、厚度、位移、速度、加速度、质量、重量等	应变片、压力传感器、位移传感器、速度传感器、加速度传感器等
气体传感器	各类气体	半导体气敏传感器、可燃性气体传感器
超声波传感器	长度、厚度、位移、速度等	压电陶瓷式超声波传感器

6.8.2　传感器的主要技术指标

传感器的主要技术指标包括测量范围、量程、灵敏度、分辨力、线性度、稳定度、精度、温漂等。传感器的参数指标决定了传感器的性能及选用原则。

(1)测量范围

在允许误差限内被测量值的范围。

(2)量程

测量范围上限值和下限值的代数差。

(3)精确度

被测量的测量结果与真值间的一致程度。

(4)重复性

在相同条件下,对同一被测的量进行多次连续测量所得结果之间的符合程度。

(5)分辨力

传感器在规定测量范围内可能检测出的被测量的最小变化量。

(6)阈值

能使传感器输出端产生可测变化量的被测量的最小变化量。

(7)灵敏度

传感器输出量变化量与引起此变化的输入变化量之比。

(8)精确度

表示测量结果与被测量值之间的一致程度。

(9)稳定度

稳定度是指传感器在规定条件下,传感器保持其特性恒定不变的能力。

(10)线性度

线性度是指校准曲线与某一规定一致的程度。

（11）热零点漂移

由于周围温度变化而引起的零点漂移。

6.8.3　温度传感器

温度传感器是指能够把温度的变化转化为电量（如电压、电流、阻抗等）变化的传感器。常用的温度传感器有热电阻、热敏电阻、PN 结、热电偶以及集成温度传感器，图 6.32 所示为各种温度传感器。将温度变化转换为电阻变化的传感器主要有热电阻和热敏电阻；将温度变化转换为电势的传感器主要有热电偶和 PN 结式传感器；将热辐射转换为电学量的器件有热电探测器、红外探测器等。

（a）铂热电阻　　　　（b）热敏电阻　　　　（c）热电偶　　　（d）集成温度传感器

图 6.32　温度传感器

（1）热电阻

金属材料的电阻率随温度变化而变化，其电阻值也随温度变化而变化，并且当温度升高时阻值增大，温度降低时阻值减小。目前使用较多的热电阻材料是铂、铜和镍。铂热电阻一般用作温度标准和高精度的工业测量；铜热电阻性价比高，广泛用于测量精度不高、测量范围不大的场合，缺点是电阻率低、体积大，超过 100 ℃易氧化。

（2）热敏电阻

热敏电阻是利用半导体的电阻随温度变化的特性制成的测温元件。按其阻值温度系数分为正温度系数型（PTC）和负温度系数型（NTC）。热敏电阻具有电阻率高、灵敏度高、功耗小、体积小等优点，缺点是阻值与温度的关系呈非线性，元件的稳定性和互换性较差，容易因为自热而引起测量误差。

（3）热电偶

热电偶是温度测量中常用的测温元件，由两根不同材料的导体组成，焊接在一起的一端称为热端（也称测量端），放入测温点；不连接的两个自由端称为冷端（也称参比端），与测量仪表引出的导线相连。当两导体接点之间存在温差时，回路中便产生热电势，因而在回路中形成一定的电流，从而测出被测点温度。热电偶的结构如图 6.33 所示，其主要特点是测量范围宽，测量精度高，性能稳定，结构简单，动态响应好，能够远传 4~20 mA 电信号，便于自动控制和集中控制。

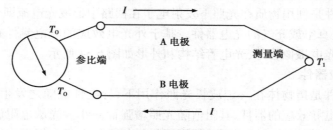

图 6.33　热电偶结构图

（4）集成温度传感器

集成温度传感器是把感温元件（常为 PN 结）与放大、运算和补偿等电路采用微电子技术和集成工艺集成在一片芯片上，从而构成集测量、放大、电源供电回路于一体的高性能的测温传感器。由于 PN 结不能耐高温，所以集成温度传感器通常测量 150 ℃ 以下的温度。集成温度传感器具有体积小、线性好、反应灵敏等优点，应用十分广泛。集成温度传感器可分为模拟型集成温度传感器和数字型集成温度传感器。

1）模拟型集成温度传感器

①电压输出式集成温度传感器。电压输出式集成温度传感器的特点是输出电压与热力学温度（或摄氏温度）成正比，典型产品有 LM334、LM35、LM45、TMP37 等。

②电流输出式集成温度传感器。电流输出式集成温度传感器的特点是输出电流与绝对温度成正比，典型产品有 AD590、AD592、TMP17 等。

③频率输出式集成温度传感器。频率输出式集成温度传感器的特点是输出方波的频率与热力学温度成正比，典型产品是 MAX6677。

④周期输出式集成温度传感器。周期输出式集成温度传感器的特点是输出方波的周期与热力学温度成正比，典型产品是 MAX6576。

2）数字集成温度传感器

数字集成温度传感器内含温度传感器、A/D 转换器、存储器（或寄存器）和接口电路，采用了数字化技术，能以数据形式输出被测温度值，其测温误差小、分辨率高、抗干扰能力强，能远距离传输，具有越限温度报警功能、带串行总线接口，适配各种微处理器等优点。典型型号有 DS18B20、MAX6502。

6.8.4　光电传感器

光电传感器是将光信号（红外、可见及紫外镭射光）转换成电信号的传感器。光电传感器可用于检测直接引起光量变化的非电量，如光强、光照度、辐射测温、气体成分分析等；也可用来检测能转换成光量变化的其他非电量，如零件直径、表面粗糙度、应变、位移、振动、速度、加速度，以及物体的形状、工作状态的识别等。光电式传感器具有非接触、响应快、性能可靠等特点，因此在工业自动化装置和机器人中获得广泛应用。常见的光电传感器有光电管、光敏电阻、光敏二极管、光敏三极管、光电池等。

光电传感器按光电效应分为外光电效应和内光电效应，其中内光电效应又分为光电导效应和光生伏特效应。

（1）外光电效应器件

外光电效应器件是利用物质在光照下发射电子在回路中形成光电流即外光电效应制成的光电器件，一般都是真空或充气的光电器件。基于外光电效应的光电元件有：光电管、光电倍增管、紫外光电管、光电摄像管等，光电管结构和外形如图 6.34 所示。

（2）光电导效应器件

光电导效应器件是指物体在一定波长光照作用下，导电性能随之发生改变的光电器件。光敏电阻是基于光电导效应的器件，其阻值随光照增强而减小。光敏电阻的阻值变化与光照波长有关，应用时应根据光波波长合理选择不同材料的光敏电阻。根据光敏电阻的光谱特性和工作波长分为紫外光敏电阻、红外光敏电阻和可见光光敏电阻。光敏电阻无极性之分，使用

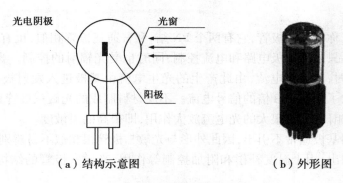

（a）结构示意图　　　　　　　　　（b）外形图

图 6.34　光电管结构和外形图

时在两电极加上恒定的直流或交流电压均可。

光敏电阻的管芯是一块安装在绝缘衬底上带有两个欧姆接触电极的光电导体。光电导体一般都做成薄层，为了获得高的灵敏度，光敏电阻的电极一般采用梳状图案。光敏电阻的结构与外形如图 6.35 所示。

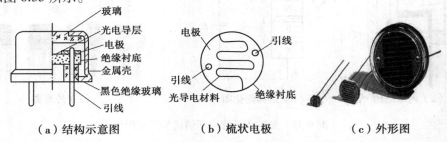

（a）结构示意图　　　　　（b）梳状电极　　　　　（c）外形图

图 6.35　光敏电阻结构和外形图

（3）光电伏特效应器件

光电伏特效应器件是指在光线作用下，能产生一定方向电动势的光电器件。基于光电伏特效应的器件有光敏二极管、光敏三极管和光电池。

1）光敏二极管

光敏二极管也称光电二极管。光敏二极管与半导体二极管在结构上是类似的，其管芯是一个具有光敏特征的 PN 结，具有单向导电性，因此工作时需加上反向电压。无光照时，有很小的饱和反向漏电流，即暗电流，此时光敏二极管截止；当受到光照时，饱和反向漏电流大大增加，形成光电流，它随入射光强度的变化而变化，因此可以利用光照强弱来改变电路中的电流。常见的光敏二极管有 2CU、2DU 等系列。光敏二极管的结构和外形如图 6.36 所示。

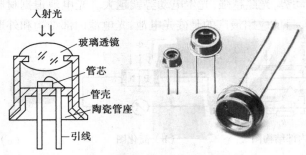

图 6.36　光敏二极管的结构和外形图

2）光敏三极管

光敏三极管又称光电三极管,它有两个 PN 结,和普通三极管相似,也有电流放大作用,只是其集电极电流不只是受基极电路和电流控制,同时也受光辐射的控制。当具有光敏特性的 PN 结受到光辐射时,形成光电流,由此产生的光生电流由基极进入发射极,从而在集电极回路中得到一个放大了相当于 β 倍的信号电流。不同材料制成的光敏三极管具有不同的光谱特性,与光敏二极管相比,具有很大的光电流放大作用,即很高的灵敏度。

光敏三极管的基极通常不引出,因此外形与光敏二极管很相似不易辨别,但也有一些光敏三极管的基极有引出,用于温度补偿和附加控制等作用,光敏三极管的结构和外形如图 6.37 所示。

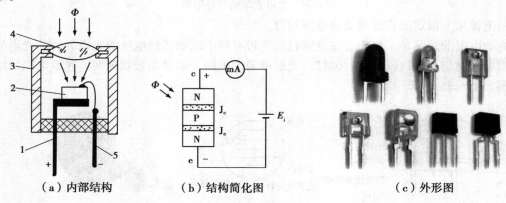

（a）内部结构　　　　（b）结构简化图　　　　（c）外形图

图 6.37　光敏三极管内部结构和外形图

1—集电极引脚;2—管芯;3—外壳;4—玻璃聚光镜;5—发射极引脚

光敏二极管与光敏三极管的区别如下所述。

①光电流不同:光敏二极管一般只有几微安到几百微安,而光敏三极管一般都在几毫安以上,至少也有几百微安,两者相差十倍至百倍。暗电流两者相差不大,一般都不超过 1 μA。

②响应时间不同:光敏二极管的响应时间在 100 ns 以下,而光敏三极管为 5～10 μs。因此,当工作频率较高时,应选用光敏二极管,只有在工作频率较低时,才选用光敏三极管。

③输出特性不同:光敏二极管有很好的线性特性,而光敏三极管的线性较差。

3）光电池

光电池是利用光生伏特效应把光直接转变为电能的器件。由于其可将太阳能直接变电能,又称为太阳能电池。它是发电式有源器件,有较大面积的 PN 结,当光照射在面积较大的光电池 P 区表面,产生光生电动势,光照越强,光生电动势就越大。光电池根据材料分为硒光电池、砷化镓光电池、硅光电池等,目前应用最广的是硅光电池,光电池内部结构和外形如图6.38所示。

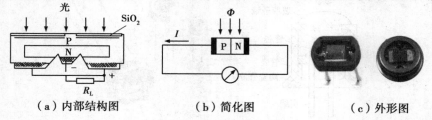

（a）内部结构图　　　（b）简化图　　　　（c）外形图

图 6.38　光电池内部结构和外形图

6.8.5　红外传感器

红外辐射俗称红外线,是一种人眼看不见的光线,具有反射、折射、散射、吸收等性质。红外线的波长范围为 $0.76 \sim 1\ 000\ \mu m$ 的频谱范围,相对应的频率为 $4 \times 10^{14} \sim 3 \times 10^{11}\ Hz$。任何物体,只要其温度高于绝对零度,就有红外线向周围空间辐射。物体的温度越高,辐射出来的红外线越多,红外辐射的能量就越强,因此人们又将红外辐射称为热辐射或热射线。

红外传感器是指能将红外辐射能转换成电能的光敏器件。红外传感器测量时不与被测物体直接接触,因而不存在摩擦,可昼夜测量,不必设光源,适用于遥感技术,并且有灵敏度高、响应快等优点。红外传感器一般由光学系统、探测器、信号调理电路及显示单元等组成,其中探测器是核心部分。红外探测器种类很多,按探测机理的不同,通常可分为两大类,即热探测器和光子探测器。

(1)热探测器

热探测器是利用探测元件吸收红外辐射而产生热能,引起温度升高,并借助各种物理效应把温升转换成电量的原理而制成的器件。热探测器主要有 4 种类型:热敏电阻型、热电阻型、高莱气动型和热释电型。其中,热释电探测器探测效率最高,频率响应最宽,所以这种传感器发展得比较快,应用范围也最广,这里主要介绍热释电型探测器,其基本工作机理如图 6.39所示。

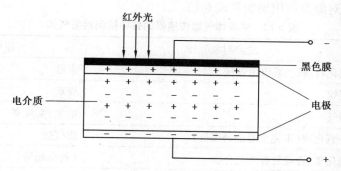

图 6.39　电介质的极化与热释电

如图 6.39 所示,敏感元件被切成薄片,在研磨成 $5 \sim 50\ \mu m$ 的极薄片后,将元件的两个表面做成电极,类似于电容器的构造。为了保证晶体对红外线的吸收,有时也用黑化后的晶体或在透明电极表面涂上黑色膜。当红外光照射到已经极化了的铁电薄片上时,引起薄片温度的升高,使其极化强度(单位面积上的电荷)降低,表面的电荷减少,这相当于释放一部分电荷,所以称为热释电型传感器。热释电型传感器结构与外形如图 6.40 所示。

热释电型与其他热敏型红外探测器的区别在于:后者利用敏感元件的温度升高值来测量红外辐射,响应时间取决于新的平衡温度的建立过程,时间比较长,不能测量快速变化的辐射信号;热释电型探测器所利用的是温度变化率,因而能探测快速变化的辐射信号。

热释电型传感器常用于根据人体红外感应实现自动电灯开关、自动水龙头开关、自动门开关、报警器等领域。

(2)光子探测器

光子探测器是利用光子效应进行工作的探测器。所谓光子效应,是当有红外线入射到某些半导体材料上,红外辐射中的光子流与半导体材料中的电子相互作用,改变了电子的能量状

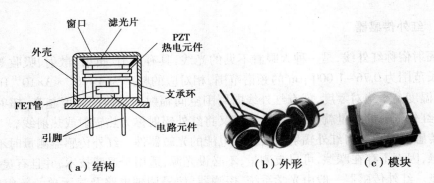

（a）结构　　　　　　（b）外形　　　（c）模块

图 6.40　热释电型红外探测器

态,引起各种电学现象。通过测量半导体材料中电子性质的变化,可知红外辐射的强弱。实际上这里所说的光子效应与前面介绍的光电传感器的光电效应原理是一回事,这里不再赘述。

6.8.6　气敏传感器

气敏传感器是一种检测特定气体的传感器。它将气体种类及其与浓度有关的信息转换成电信号,根据这些电信号的强弱就可以获得与待测气体在环境中的存在情况有关的信息,从而可以进行检测、监控、报警;还可以通过接口电路与计算机组成自动检测、控制和报警系统。气敏传感器主要检测对象及应用场所见表 6.12。

表 6.12　半导体气敏传感器的各种检测对象气体

分　类	检测对象气体	应用场所
爆炸性气体	液化石油气、城市用煤气	家庭
	甲烷	煤矿
	氢气	冶金、实验室
有毒气体	一氧化碳(不完全燃烧的煤气)	煤气灶
	硫化氢、含硫的有机化合物	(特殊场所)
	卤素、卤化物、氨气等	(特殊场所)
环境气体	氧气(防止缺氧)	家庭、办公室、地下工程
	二氧化碳(防止缺氧)	家庭、办公室、地下工程
	水蒸气(调节温度、防止结露)	电子设备、汽车和温室
	大气污染(SO_X,NO_X等)	工业区
工业气体	氧气(控制燃烧、调节空气燃料比)	发电机、锅炉
	一氧化碳(防止不完全燃烧)	发电机、锅炉
	水蒸气(食品加工)	电炊灶
其他	烟雾、司机呼出气体中的酒精	火灾报警、酒精检测

气敏传感器按构成材料可分为半导体和非半导体两大类。目前实际使用最多的是半导体气敏传感器。

半导体气敏传感器利用半导体气敏元件同气体接触,造成半导体的电导率等物理性质发生变化的原理来检测特定气体的成分或者浓度。

半导体气敏传感器的敏感元件采用了金属氧化物材料,分为 N 型、P 型和混合型 3 种,N 型材料有氧化锡、氧化铁、氧化锌、氧化钨等;P 型材料有氧化钴、氧化铅、氧化铜、氧化镍等;混合型还渗入了催化剂,如钯(Pd)、铂(Pt)、银(Ag)等。

半导体气敏传感器按照半导体变化的物理特性又可分为电阻型和非电阻型。电阻型半导体气敏元件利用敏感材料接触气体时,其阻值变化来检测气体的成分或浓度;非电阻型半导体气敏元件是利用其他参数,如二极管伏安特性和场效应晶体管的阈值电压变化来检测被测气体的。半导体气敏传感器的分类见表 6.13,图 6.41 所示为常见气敏传感器的外形。

表 6.13　半导体气敏传感器的分类

类　型	测量类型	检测气体	气敏元件材料	工作温度
电阻型	表面控制型	可燃气体	SnO_2、ZnO	室温至 450 ℃
	体控制型	乙醇	MgO、SnO_2 等	300~450 ℃
		可燃气体	TiO_2、Fe_2O_3 等	700 ℃ 以上
非电阻型	二极管整流特性	氢气、一氧化碳、乙醇	铂-硫化镉 铂-氧化钛	室温至 200 ℃
	晶体管特性	氢气、硫化氢	铂栅 钯栅 MOSFET	150 ℃

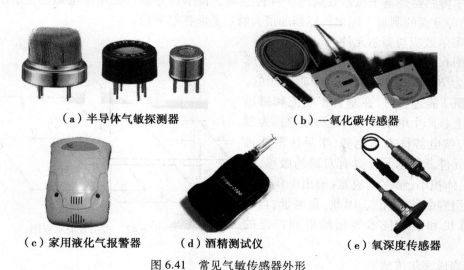

（a）半导体气敏探测器　　　　　　　（b）一氧化碳传感器

（c）家用液化气报警器　　（d）酒精测试仪　　　（e）氧深度传感器

图 6.41　常见气敏传感器外形

6.8.7　磁敏传感器

磁敏传感器是基于磁电转换原理的传感器。磁敏传感器主要有磁敏电阻、磁敏二极管、磁敏三极管和霍尔式磁敏传感器 4 种类型。

（1）磁敏电阻

磁敏电阻器是基于磁阻效应的磁敏元件,也称 MR 元件。磁阻效应是给通以电流的金属或半导体材料的薄片加以与电流垂直或平行的外磁场,则其电阻值就增加的现象。

磁敏电阻的应用范围比较广,可以利用它制成磁场探测仪、位移和角度检测器、安培计以及磁敏交流放大器等。

（2）磁敏二极管和磁敏三极管

霍尔元件和磁敏电阻均是用 N 型半导体材料制成的体型元件。磁敏二极管和磁敏三极管是 PN 结型的磁电转换元件,它们具有输出信号大、灵敏度高(磁灵敏度比霍尔元件高数百甚至数千倍)、工作电流小、能识别磁场的极性、体积小、电路简单等特点,它们比较适合磁场、转速、探伤等方面的检测和控制。

1) 磁敏二极管

磁敏二极管的 P 型和 N 型电极由高阻材料制成,利用磁敏二极管的正向导通电流随磁场强度的变化而变化的特性,即可实现磁电转换。当磁敏二极管正向偏置时,随着磁场大小和方向的变化,二极管两端可产生正负输出电压的变化,特别是在较弱的磁场作用下,可获得较大输出电压。而当磁敏二极管反向偏置时,二极管两端电压不会因受到磁场作用而有任何改变。

2) 磁敏三极管

磁敏三极管在弱 P 型或弱 N 型本征半导体上用合金法或扩散法形成发射极、基极和集电极。

当磁敏三极管未受到磁场作用时,基极电流大于集电极电流。当受到正向磁场作用时,集电极电流显著下降;当反向磁场作用时,集电极电流增大。

（3）霍尔传感器

霍尔传感器是基于霍尔效应的一种传感器。霍尔传感器广泛用于电磁测量、压力、加速度、振动等方面的测量。霍尔传感器的最大特点是非接触测量。

1) 霍尔效应与霍尔元件

如图 6.42 所示,将半导体薄片置于磁感应强度为 B 的磁场中,磁场方向垂直于它,当有电流 I 流过它时,在垂直于电流和磁场的方向上将产生电动势 U_H,这种现象称为霍尔效应,该电势称霍尔电势,半导体薄片称为霍尔元件。霍尔元件具有对磁场敏感、结构简单、体积小、频率响应宽、输出电压变化大和使用寿命长等优点,因此,在测量、自动化、计算机和信息技术等领域得到广泛的应用。

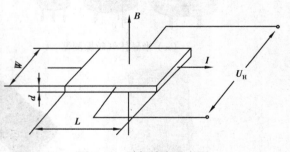

图 6.42　霍尔效应示意图

2) 集成霍尔传感器

由于霍尔元件产生的电势差很小,故通常将霍尔元件与放大器电路、温度补偿电路及稳压电源电路等集成在一个芯片上,称之为集成霍尔传感器,简称霍尔传感器。

集成霍尔传感器可分为线性型和开关型两大类。前者输出模拟量,后者输出数字量。

①霍尔线性集成传感器。霍尔线性集成传感器是将霍尔元件和恒流源、线性差动放大器等做在一个芯片上,它的输出为模拟电压信号,并且与外加磁感应强度呈线性关系。因此霍尔线性集成传感器广泛用于位置、力、重量、厚度、速度、磁场、电流等的测量或控制。较典型的线性型霍尔器件如 UGN3501 等。图6.43所示为霍尔线性集成传感器外形及典型应用图。

②霍尔开关集成传感器。霍尔开关集成传感器是将霍尔元件、稳压电路、放大器、施密特

触发器、OC 门(集电极开路输出门)等电路做在同一个芯片上。它能感知一切与磁信息有关的物理量,并以开关信号形式输出。广泛用于如点火系统、保安系统、转速、里程测定、机械设备的限位开关、按钮开关、电流的测定与控制、位置及角度的检测等。霍尔开关集成传感器具有使用寿命长、无触点磨损、无火花干扰、无转换抖动、工作频率高、温度特性好、能适应恶劣环境等优点。较典型的开关型霍尔器件如 UGN3020 等。图 6.44 所示为霍尔开关集成传感器外形及典型应用图。

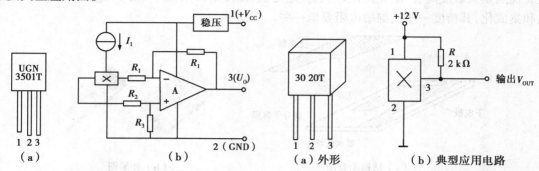

图 6.43　霍尔线性集成传感器外形及典型应用图　　图 6.44　霍尔开关集成传感器外形及典型应用图

6.8.8　湿敏传感器

湿敏传感器是指能够感受外界湿度变化,并通过器件材料的物理或化学性质变化,将湿度转化成有用信号的器件。湿敏传感器主要由两个部分组成:湿敏元件和转换电路,除此之外还包括一些辅助元件,如辅助电源、温度补偿、输出显示设备等。

湿敏传感器的种类繁多,按材料来分,有高分子材料、半导体陶瓷、电解质及其他材料;按工作原理来分,可分为电阻式和电容式两种。

(1)电阻式湿敏传感器

电阻式湿敏传感器简称湿敏电阻,其湿敏元件由基体、电极和感湿层组成,通过感湿层吸附的水分子含量变化,从而使电极间的电导率上升或下降,其感湿特征量为电阻值。电阻式湿敏传感器根据使用的材料不同分为高分子型和陶瓷型。常见电阻式湿敏传感器的结构如图 6.45 所示。

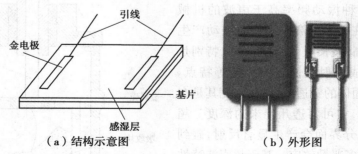

图 6.45　电阻式湿敏传感器结构示意图

电阻式湿敏传感器的优点在于:可以集中进行控制、便于遥测;不需要很大的检测空间;与数字电路匹配方便。

（2）电容式湿敏传感器

电容式湿敏传感器是利用两个电极间的电介质随湿度变化引起电容值变化的特性而制成的。电容式湿敏传感器的常见结构如图 6.46 所示。湿敏元件一般是用高分子薄膜电容制成的，常用的高分子材料有聚苯乙烯、聚酰亚胺、醋酸纤维等。当环境湿度发生改变时，湿敏电容的介电常数发生变化，使其电容量也发生变化，其电容变化量与相对湿度成正比。湿敏电容的主要优点是灵敏度高、产品互换性好、响应速度快、湿度的滞后量小、便于制造、容易实现小型化和集成化，其精度一般比湿敏电阻要低一些。

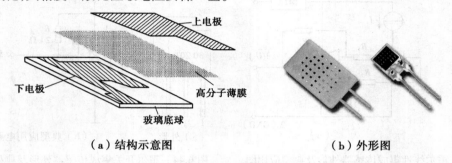

（a）结构示意图　　　　　　　　（b）外形图

图 6.46　电容式湿敏传感器结构示意图

6.8.9　超声波传感器

（1）声波的分类

声波分为次声波（频率低于 20 Hz）、可闻声波（频率为 20 Hz~20 kHz）和超声波（频率高于 20 kHz）。次声波是频率低于 20 Hz 的声波，人耳听不到，但可与人体器官发生共振，7~8 Hz的次声波会引起人的恐怖感，动作不协调，甚至导致心脏停止跳动。可闻声波是人耳能听见的声波，频率范围为 20 Hz~20 kHz，人们平时所指的"声音"就是指的可闻声波。超声波是频率高于 20 kHz 的声波，因其频率下限大于人的听觉上限而得名，具有方向性好、穿透能力强、易于获得较集中的声能、在水中传播距离远，可用于测距、测速、清洗、焊接、碎石、杀菌消毒等，在医学、军事、工业、农业上有很多的应用。

（2）超声波传感器

超声波是一种振动频率高于声波的机械波，由换能晶片在电压的激励下发生振动产生的，其具有频率高、波长短、绕射现象小，特别是方向性好、能够成为射线而定向传播等特点。超声波对液体、固体的穿透本领很大，尤其是在不透明的固体中，它可穿透几十米的深度。超声波碰到杂质或分界面会产生显著反射，碰到活动物体能产生多普勒效应。基于超声波特性研制的传感器称为"超声波传感器"，广泛应用在工业、国防、生物医学等方面。

（3）超声波探头

超声波探头按其工作原理可分为压电式、

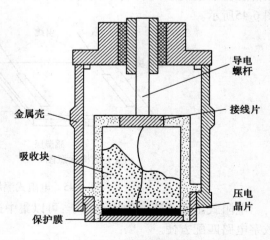

图 6.47　压电式超声波探头结构示意图

204

磁致伸缩式、电磁式等,检测技术中主要采用压电式。压电式超声波探头结构如图6.47所示,其主要由压电晶片、吸收块(阻尼块)、保护膜、引线等组成。压电式超声波探头常用的材料是压电晶体和压电陶瓷,这种传感器统称为压电式超声波探头,它是利用压电材料的压电效应来工作的:逆压电效应将高频电振动转换成高频机械振动,从而产生超声波,可作为发射探头;而正压电效应是将超声振动波转换成电信号,可作为接收探头。

超声波探头有许多类型,分为直探头、斜探头、双探头、水浸探头、聚集探头、空气传导探头、表面波探头、兰姆波探头以及其他专用探头等。各种超声波探头分别如图 6.48—图 6.52 所示,它们的常用频率范围为 0.5~10 MHz,常见晶片直径为 5~30 mm。

　　（a）接触式直探头　　　　　　　　　（b）接触式斜探头
　（纵波垂直入射到被检介质）　　　　（横波、瑞利波或兰姆波探头）

图 6.48　各种接触式探头外形

　　　（a）双晶直探头　　　　　　　　　　（b）双晶斜探头

图 6.49　各种双晶探头(含发射晶片和接收晶片)

　　　图 6.50　水浸探头　　　　　　　图 6.51　水浸式聚集探头

（4）超声波传感器的应用

1)超声波传感器在医学上的应用

超声波在医学上的应用主要是诊断疾病,它已经成为临床医学中不可缺少的诊断方法。超声波诊断的优点是:对受检者无痛苦、无损害、方法简便、显像清晰、诊断的准确率高等。

图 6.52　空气超声探头

2）超声波传感器在测量液位的应用

超声波测量液位的基本原理是：由超声波探头发出的超声脉冲信号，在气体中传播，遇到空气与液体的界面后被反射，接收到回波信号后计算其超声波往返的传播时间，即可换算出距离或液位高度。超声波测量方法有很多其他方法不可比拟的优点：

①无任何机械传动部件，也不接触被测液体，属于非接触式测量，不怕电磁干扰，不怕酸碱等强腐蚀液体等，因此性能稳定、可靠性高、寿命长。

②其响应时间短，可以方便地实现无滞后的实时测量。

3）超声波传感器在测距系统中的应用

超声波测距大致有以下方法：

①取输出脉冲的平均值电压，该电压（其幅值基本固定）与距离成正比，测量电压即可测得距离。

②测量输出脉冲的宽度，即发射超声波与接收超声波的时间间隔 t，故被测距离为 $S = 1/2vt$。如果测距精度要求很高，则应通过温度补偿的方法加以校正。超声波测距适用于高精度的中长距离测量。

4）超声波传感器在对金属无损探伤中的应用

人们在使用各种材料（尤其是金属材料）的长期实践中，观察到大量的断裂现象，它曾给人类带来许多灾难事故，涉及舰船、飞机、轴类、压力容器、宇航器、核设备等。对缺陷的检测手段有破坏性试验和无损探伤。由于无损探伤以不损坏被检验对象为前提，所以得到广泛应用。无损检测的方法有磁粉检测法、电涡流法、荧光染色渗透法、放射线（X 光、中子）照相检测法、超声波探伤法等。超声波探伤是目前应用十分广泛的无损探伤手段。它既可检测材料表面的缺陷，又可检测内部几米深的缺陷，这是 X 光探伤所达不到的深度。

目前，超声技术用于设备状态监测方面主要是监测设备构件内部及表面缺陷，或用于压力容器或管道壁厚的测量等方面。监测时，把探头放在试品表面，探头或测试部位应涂水、油或甘油等，以使两者紧密接触。然后，通过探头向试件发射纵波（垂直探伤）或横波（斜向探伤），并接收从缺陷处传回的反射波，由此对其故障进行判断。

图 6.53 所示为超声波传感器应用举例。

超声波传感器还利用多普勒效应用于测量车速、风速；利用液体中气泡破裂所产生的冲击波来进行高效清洗；超声波加湿器、雾化器是利用换能器将高频振荡脉冲转换为机械能，将水雾化为微米级的超微粒子，再通过风动装置将水雾化扩散到室内空间。

（a）纸箱内容量检测　（b）液位测量控制　　　（c）堆料高度控制　（d）检查密封纸箱内产品

（e）液体流量测量　　（f）物位控制　　　　　（g）液位感知　（h）两种不同液体界面测量

（i）卸料控制　　　　（j）装料控制　　　（k）旋转控制　　　　（l）断线报警

（m）自动分类　　　（n）在线破损报警　　（o）自动计数　　　　（p）距离测量

（q）摇晃报警　　（r）运输皮带运行控制　　（s）质量（如厚度）报警　（t）质量（如重叠）报警

图 6.53　超声波传感器应用举例

附　录

附录1　常用电子元器件型号参数表

附录表1　1N 系列、2CW、2DW 型稳压二极管的主要参数

型　号	稳定电压	动态电阻	温度系数	工作电流	最大电流	额定功耗
	U_Z/V	$R_Z/$	$C_{TV}/(10^{-4} \cdot ℃^{-1})$	I_Z/mA	I_{ZM}/mA	P_Z/W
1N748	3.8~4.0	100				
1N752	5.2~5.7	35				
1N753	5.88~6.12	8				
1N754	6.3~7.3	15		20		
1N754	6.66~7.01	15				
1N755	7.07~7.25	6				
1N757	8.9~9.3	20				0.5
1N962	9.5~11.9	25				
1N962	10.9~11.4	12				
1N963	11.9~12.4	35		10		
1N964	13.5~14.0	35				
1N964	12.4~14.1	10				
1N969	20.8~23.3	35		5.5		

型　号	稳定电压	动态电阻	温度系数	工作电流	最大电流	额定功耗
	U_Z/V	$R_Z/$	$C_{TV}/(10^{-4} \cdot \text{℃}^{-1})$	I_Z/mA	I_{ZM}/mA	P_Z/W
2CW50	1.0~2.8	50	$\geqslant -9$		83	
2CW51	2.5~3.5	60	$\geqslant -9$		71	
2CW52	3.2~4.5	70	$\geqslant -8$		55	
2CW53	4.0~5.8	50	$-6~4$	10	41	
2CW54	5.5~6.5	30	$-3~5$		38	
2CW55	6.2~7.5	15	$\leqslant 6$		33	
2CW56	7.0~8.8	15	$\leqslant 7$		27	
2CW57	8.5~9.5	20	$\leqslant 8$		26	
2CW58	9.2~10.5	25	$\leqslant 8$	5	23	
2CW59	10~11.8	30	$\leqslant 9$		20	
2CW60	11.5~12.5	40	$\leqslant 9$		19	0.25
2CW61	12.4~14	50	$\leqslant 9.5$		16	
2CW62	13.5~17	60	$\leqslant 9.5$		14	
2CW63	16~19	70	$\leqslant 9.5$		13	
2CW64	18~21	75	$\leqslant 10$		11	
2CW65	20~24	80	$\leqslant 10$		10	
2CW66	23~26	85	$\leqslant 10$	3	9	
2CW67	25~28	90	$\leqslant 10$		9	
2CW68	27~30	95	$\leqslant 10$		8	
2CW69	29~33	95	$\leqslant 10$		7	
2CW70	32~36	100	$\leqslant 10$		7	
2CW71	35~40	100	$\leqslant 10$		6	

续表

型　号	稳定电压 U_Z/V	动态电阻 $R_Z/$	温度系数 $C_{TV}/(10^{-4} \cdot ℃^{-1})$	工作电流 I_Z/mA	最大电流 I_{ZM}/mA	额定功耗 P_Z/W
2DW230 （2DW7A）	5.8~6.6	≤25	≤｜0.05｜	10	30	0.2
2DW231 （2DW7B）		≤15				
2DW232 （2DW7C）	6.0~6.5	≤10	≤｜0.05｜			
测试条件	$I=I_Z$	$I=I_Z$				

附录表 2　通用 9011～9018、8050、8550 三极管的主要参数

型　号	极限参数			直流参数			交流参数	类型
	P_{CM}/mW	I_{CM}/mA	$U_{(BR)CEO}/V$	I_{CEO}/mA	$U_{CE(sat)}/V$	H_{FE}	f_T/MHz	
9011	400	100	18	0.05	0.3	28	150	NPN
9011E						39		
9011F						54		
9011G						72		
9011H						97		
9011I						132		
9012	600	500	25	0.5	0.6	64	150	PNP
9012E						78		
9012F						96		
9012G						118		
9012H						144		
9013	600	500	25	0.5	0.6	64	150	NPN
9013E						78		
9013F						96		
9013G						118		
9013H						144		

续表

型　号	极限参数			直流参数			交流参数	类型
	P_{CM}/mW	I_{CM}/mA	$U_{(BR)CEO}$/V	I_{CEO}/mA	$U_{CE(sat)}$/V	H_{FE}	f_T/MHz	
9014						60		
9014A						60		
9014B	400	100	18	0.05	0.3	100	150	NPN
9014C						200		
9014D						400		
9015						60		
9015A						60		
9015B	400	100	18	0.05	0.5	100	50	PNP
9015C						200		
9015D						400		
9016		25	20		0.3	28~97	500	
9017	410	100	12	0.05	0.5	28~72	600	NPN
9018		100	12		0.5	28~72	700	
8050	1000	1500	25			85~300	100	NPN
8550								PNP

附录 2　部分常用集成运放选型表

型　号	名　称	基本特性
μA741	单路通用运算放大器	输入失调电压 1.0 mV,共模抑制比 90 dB,差模开环电压增益 106 dB,输入共模电压范围≤±13 V,差模输入阻抗 2.0 MΩ,电源电压±15 V
LM324A	通用运算放大器	最大输入失调电压 3.0 mV,带宽 1 MHz,压摆率 0.6 V/μS,电源电压±1.5~±16 V 或+3.0~+32 V,最大电源电流 3.0 mA
LM358	通用运算放大器	最大输入失调电压 7.0 mV,带宽 1 MHz,压摆率 0.6 V/μS,电源电压±1.5~±16 V 或+3.0~+32 V,最大电源电流 3.0 mA
TLC2654	精密运算放大器	最大输入失调电压 0.02 mV,带宽 1.9 MHz,压摆率 3.7 V /μS,电源电压±2.3~±8 V,每放大器最大电源电流 2.4 mA

续表

型　号	名　称	基本特性
OP07	精密运算放大器	最大输入失调电压 75 μV,带宽 1 MHz,压摆率 0.6 V/μS,电源电压±3～±18 V,最大电源电流 3.0 mA
OP297E	精密运算放大器	最大输入失调电压 100 μV,带宽 0.9 MHz,压摆率 0.15 V/μS,电源电压±2～±20 V,每运放最大电源电流 750 μA
AD8028	高速运算放大器	最大输入失调电压 0.8 mV,轨至轨输入输出,带宽 190 MHz,压摆率 90 V/μS,电源电压±1.35～±6 V 或+2.7～+12 V,每运放最大电源电流 8.5 mA
AD8130	差分放大器	最大输入失调电压 1.8 mV,带宽 270 MHz,压摆率 1 100 V/μS,电源电压±2.25～±12.6 V或+4.5～+25.2 V,最大电源电流 1 mA
PA04A	功率运算放大器	最大输入失调电压 5 mV,带宽 2 MHz,压摆率 50 V/μS,电源电压±15～±100 V,每运放最大电源电流 90 mA
AD623B	精密仪表放大器	最大输入失调电压 100 μV,轨至轨输入输出,单位增益带宽 800 kHz,压摆率 0.3 V/μS,电源电压±2.5～±6 V 或+2.7～+12 V, 最大电源电流 625 μA
INA128	精密仪表放大器	最大输入失调电压 50 μV,带宽 1.3 MHz,压摆率 4 V/μS,电源电压±2.25～±18 V,最大电源电流 750 μA
LM339A	通用电压比较器	最大输入失调电压 2.0 mV,最大差分输入电压 V_{CC},输出电流 16 mA,电源电压±1.0～±18 V 或+2.0～+36 V,每比较器最大电源电流 2.5 mA
MAX4164	低电压比较器	最大输入失调电压 6 mV,轨至轨输入输出,200 kHz 单位增益带宽,压摆率 115 V/mS,电源电压±1.35～±5 V 或+2.7～+10 V,每比较器最大电源电流 25 μA
TLC352	宽电压比较器	最大输入失调电压 7 mV,轨至轨输出,电源电压±0.75～±9 V 或+1.5～+18 V,每比较器最大电源电流 150 μA

参考文献

［1］童诗白,华成英.模拟电子技术基础［M］.4 版.北京:高等教育出版社,2006.

［2］康华光.电子技术基础(模拟部分)［M］.6 版.北京:高等教育出版社,2013.

［3］杨明欣.模拟电子技术基础［M］.北京:高等教育出版社,2012.

［4］谢礼莹.模拟电路实验技术:上册［M］.重庆:重庆大学出版社,2005.

［5］张丽华,刘勤勤,吴旭华.模拟电子技术基础——仿真、实验与课程设计［M］.西安:西安电子科技大学出版社,2009.

［6］蒋黎红,黄培根.电子技术基础实验 &Multisim 10 仿真［M］.北京:电子工业出版社,2010.

［7］赵永杰,王国玉.Multisim 10 电路仿真技术应用［M］.北京:电子工业出版社,2012.

［8］王扬帆.电子技术实训教程(初级)［M］.大连:大连理工大学出版社,2008.

［9］栾良龙.电子技术实训教程(中级)［M］.大连:大连理工大学出版社,2008.

参考文献

[1]
[2]
[3]
[4]
[5]
[6]
[7]
[8]
[9]